DER MENSCH

WISSEN VISUELL

SUE DAVIDSON
UND BEN MORGAN

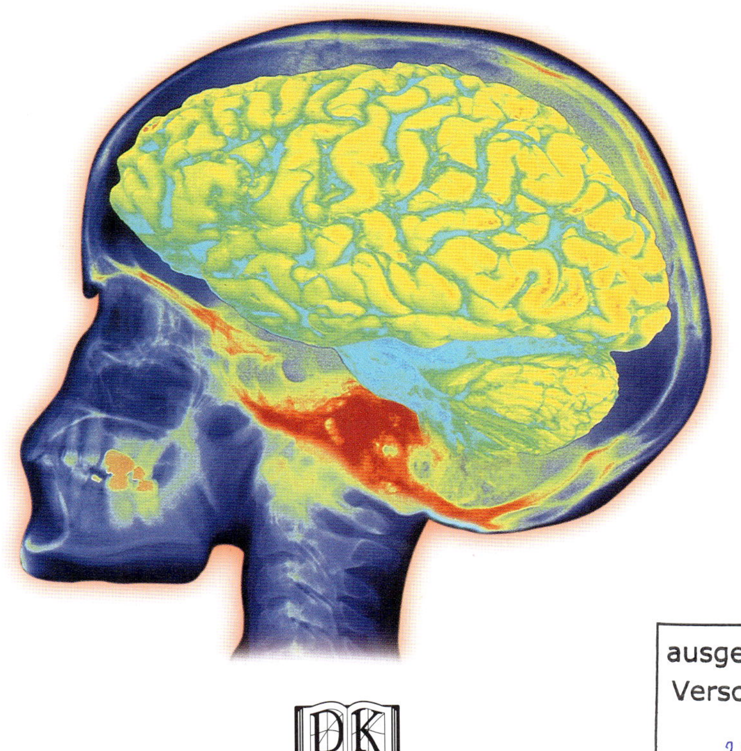

DK
Dorling Kindersley

DORLING KINDERSLEY
London • New York • München • Melbourne • Delhi

Lektorat Carey Scott
Bildredaktion Joanne Connor
Photoshop-Gestaltung Lee Gibbons
Cheflektorat Sue Grabham
Chefbildlektorat Gillian Allen
Bildrecherche Sean Hunter
Covergestaltung Chris Drew
DTP-Design Jill Bunyan
Herstellung Dulcie Rowe

Die Deutsche Bibliothek – CIP-Einheitsaufnahme

Ein Titeldatensatz für diese Publikation ist bei Der Deutschen Bibliothek erhältlich.

Titel der englischen Originalausgabe:
DK Revealed: Human Body

Übersetzung Petra Wägenbaur
Redaktion Cornelia Hanke

ISBN 3-8310-0360-2

Printed and bound in China by Leo Paper Products

Besuchen Sie uns im Internet
www.dk.com

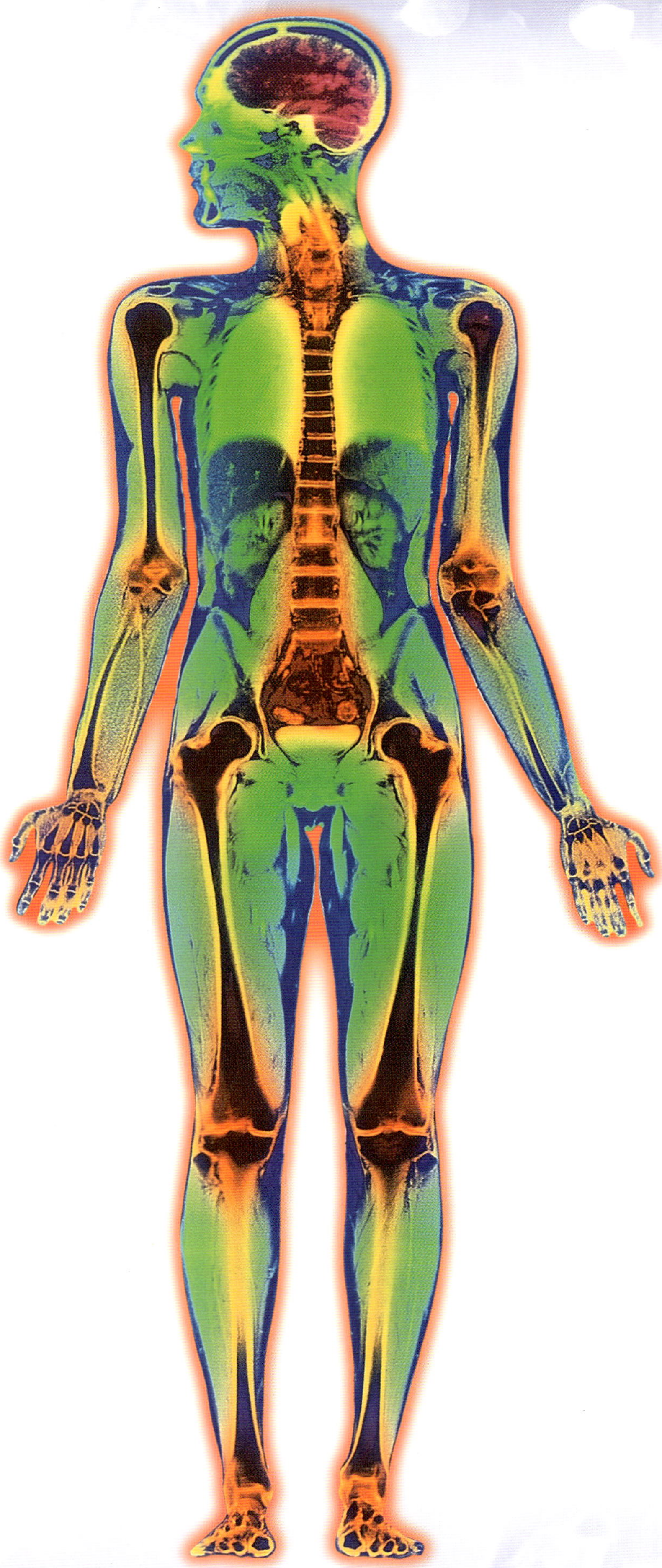

Inhalt

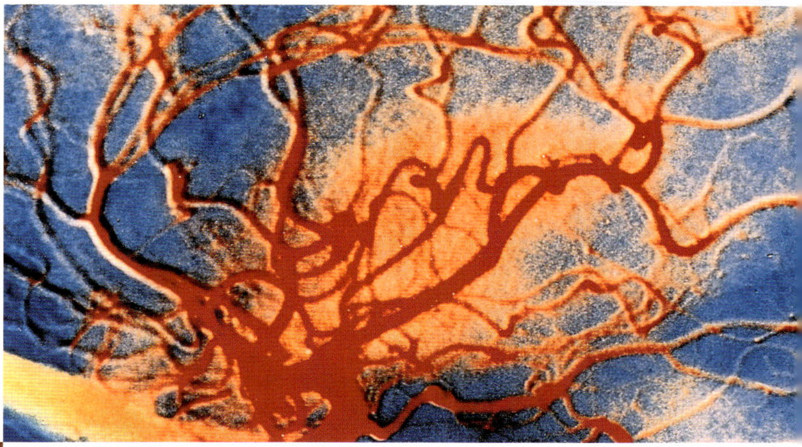

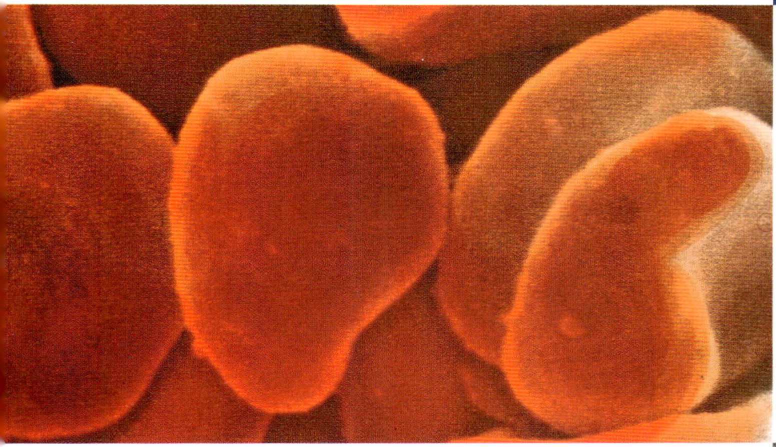

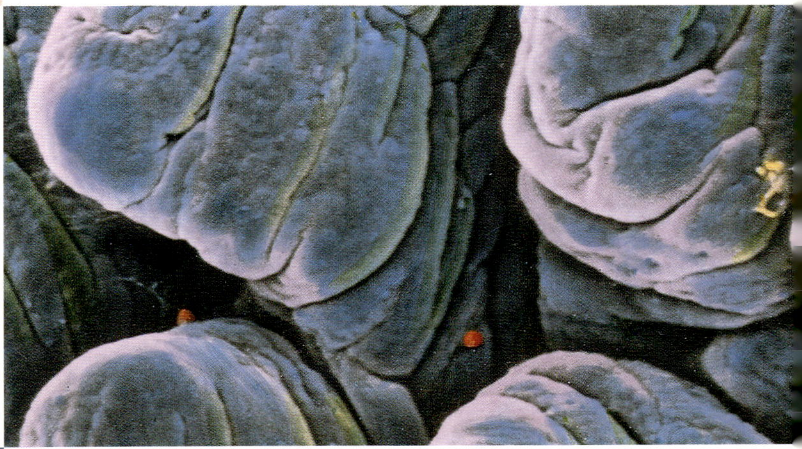

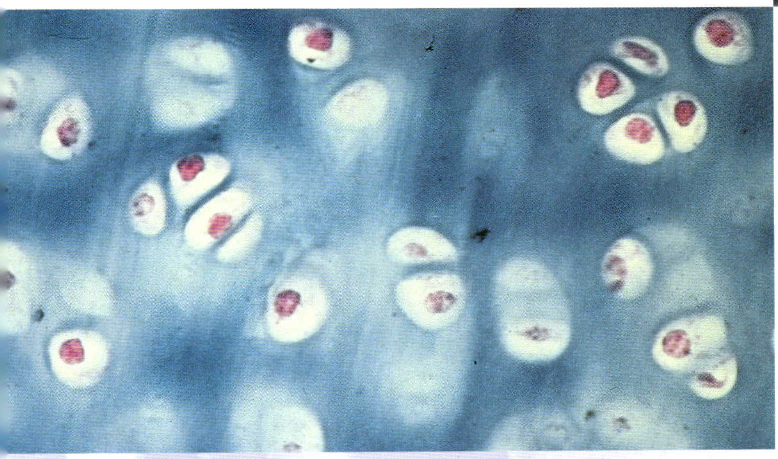

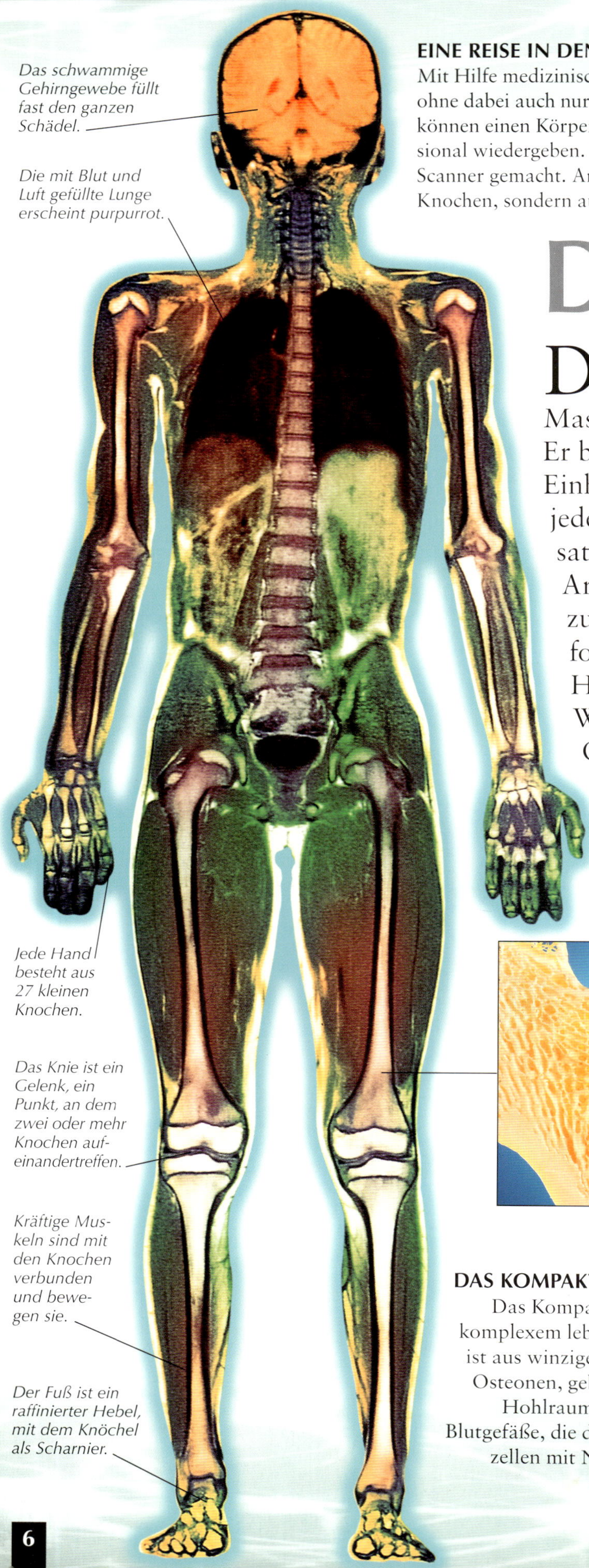

Das schwammige Gehirngewebe füllt fast den ganzen Schädel.

Die mit Blut und Luft gefüllte Lunge erscheint purpurrot.

Jede Hand besteht aus 27 kleinen Knochen.

Das Knie ist ein Gelenk, ein Punkt, an dem zwei oder mehr Knochen aufeinandertreffen.

Kräftige Muskeln sind mit den Knochen verbunden und bewegen sie.

Der Fuß ist ein raffinierter Hebel, mit dem Knöchel als Scharnier.

EINE REISE IN DEN KÖRPER

Mit Hilfe medizinischer Apparate kann ein Arzt in den Körper schauen, ohne dabei auch nur die Haut zu berühren. So genannte Scanner können einen Körper in Scheiben abbilden oder sein Inneres dreidimensional wiedergeben. Dieses Bild wurde mit einem so genannten MRI-Scanner gemacht. Anders als der Röntgenapparat macht er nicht nur Knochen, sondern auch Weichteile wie das Gehirn sichtbar.

Trabekel *im Knocheninnern: Streben geben Festigkeit*

Dein Körper

DER MENSCHLICHE KÖRPER ist faszinierender und komplizierter als alle Maschinen, die jemals erfunden wurden. Er besteht aus mikroskopisch kleinen Einheiten, so genannten Zellen, von denen jede ihren eigenen komplexen Informationssatz in Form der DNS enthält. Zellen gleicher Art schließen sich zu Gewebe zusammen, z.B. zu Haut, Blut oder Knochen. Daraus wiederum formen sich die Groß-Strukturen, Organe wie das Herz oder das Gehirn. Bis vor kurzem konnten Wissenschaftler nur an toten Körpern oder bei Operationen unser Innenleben studieren. Heute, mit den neuesten Scannern, Mikroskopen und Kameras, können wir gesunde, lebende Organe und Gewebe bei der Arbeit beobachten und die kleinsten Zellen ganz aus der Nähe betrachten.

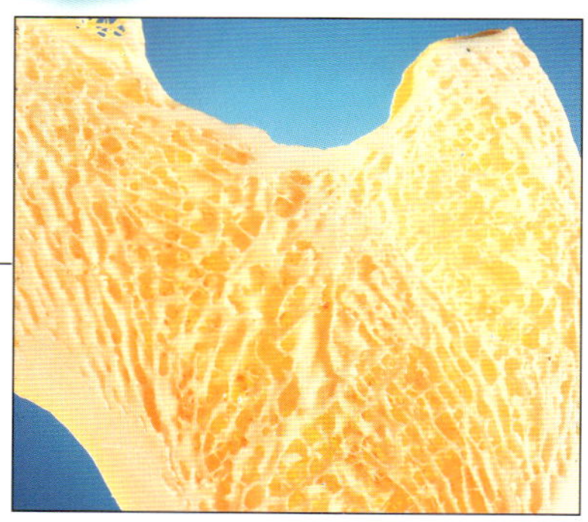

DAS INNERE EINES OBERSCHENKELKNOCHENS

Deine Knochen bestehen aus zwei verschiedenen Gewebearten. Das äußere, das Kompaktgewebe, ist dicht und schwer. Es gibt dem Knochen seine Festigkeit. Das innere enthält wie ein Schwamm viele kleine Hohlräume. Es macht den Knochen leichter.

DAS KOMPAKTE KNOCHENGEWEBE

Das Kompaktgewebe besteht aus komplexem lebendem Gewebe. Es ist aus winzigen Röhrchen, den Osteonen, gebildet. In ihrem Hohlraum liegen kleine Blutgefäße, die die Knochenzellen mit Nährstoffen versorgen.

SCHWAMMARTIGER KNOCHEN

Der Blick durch ein Elektronenmikroskop zeigt ein Gitterwerk von kleinen Streben, Trabekeln, die das Knocheninnere durchziehen. Sogar diese festen Verbindungen sind lebendig, tief in ihnen liegen Zellen, die den Knochen ernähren und mit Mineralstoffen stärken. Bei manchen Knochen sind die Hohlräume des Gitterwerks mit Knochenmark gefüllt, aus dem sich Blutzellen bilden.

KNOCHENZELLEN

Alle Gewebe unseres Körpers bestehen aus kleinen individuellen Einheiten, den Zellen. Dies hier ist eine Art von Knochenzelle, ein Osteoklast, 300fach vergrößert. Sie hat die Aufgabe, Knochenmasse aufzulösen und die freigesetzten Mineralstoffe in die Blutbahn zu befördern. Andere Knochenzellen machen genau das Gegenteil, sie verwandeln Mineralstoffe in Knochenmasse. Im Laufe unseres Lebens wird Knochen ständig ab- und wieder aufgebaut.

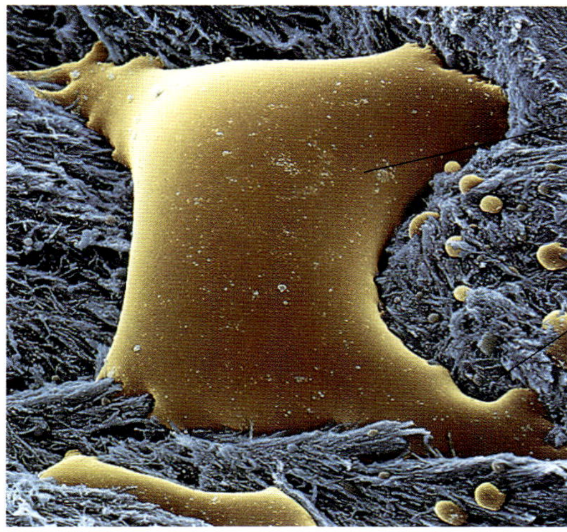

CHROMOSOMEN

Das Kontrollzentrum einer Zelle ist ihr Kern. Er enthält 23 Chromosomenpaare mit jeweils einem Chromosom von deiner Mutter und einem von deinem Vater. Dort befinden sich deine Gene, die in einem so genannten DNS-Molekül verschlüsselt sind.

Modell eines DNS-Moleküls

DER STOFF DES LEBENS

Das DNS-Molekül sieht wie eine spiralförmig gewundene Leiter aus – man nennt die Form Doppelhelix. Seitlich an den Leitersprossen befinden sich chemische Basen, die in diesem Computermodell wie farbige Tropfen aussehen. Die Abfolge dieser Basen-Gruppen ergibt einen chemischen Code – deine DNS. Dieser Code enthält alle notwendigen Gene für das Entstehen eines Menschen.

In deinem Kopf

In deinem Kopf sitzt das Kontrollzentrum deines Körpers: das Gehirn. Das empfindliche Organ ist durch Gewebeschichten und Knochen geschützt. Es ist von drei mit Flüssigkeit gefüllten Membranschichten umhüllt. Um diese Membranen formt sich der Schädel – robuste Knochen, die wie ein Panzer ihren kostbaren Inhalt schützen. Der Schädel wiederum ist von einer beweglichen Hülle aus Haut, Muskeln und Fett bedeckt, die durch Blutgefäße versorgt wird: die Kopfhaut. Die Haare, die aus ihr herauswachsen, halten durch die unbewegte Luft, die sie dicht an der Kopfhaut halten, deinen Kopf warm. In und an deinem Kopf befinden sich auch die wichtigsten Sinnesorgane: Augen, Ohren, Nase, Mund und Zunge. Durch ihre Nähe zum Gehirn ist eine reibungslose Verständigung möglich.

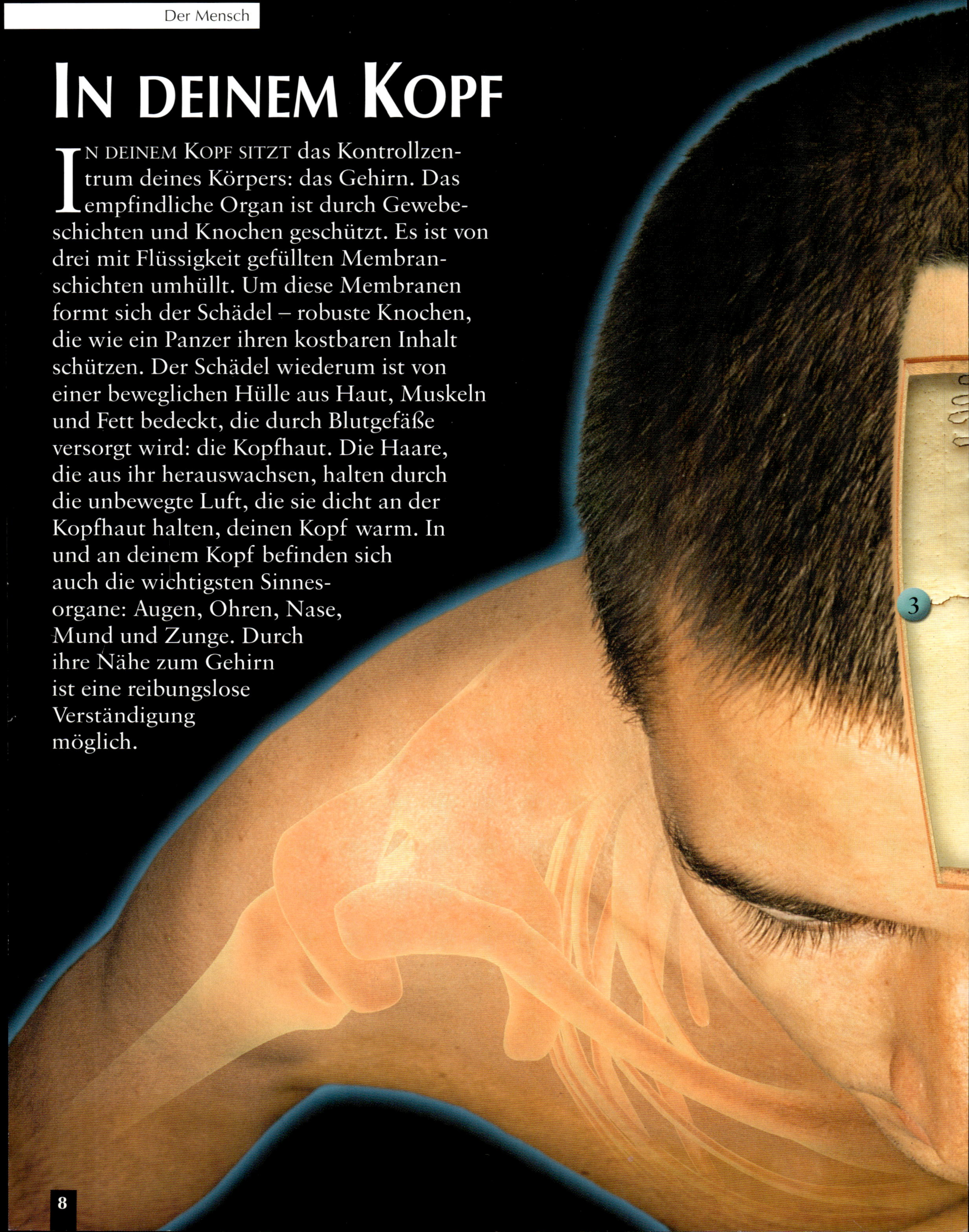

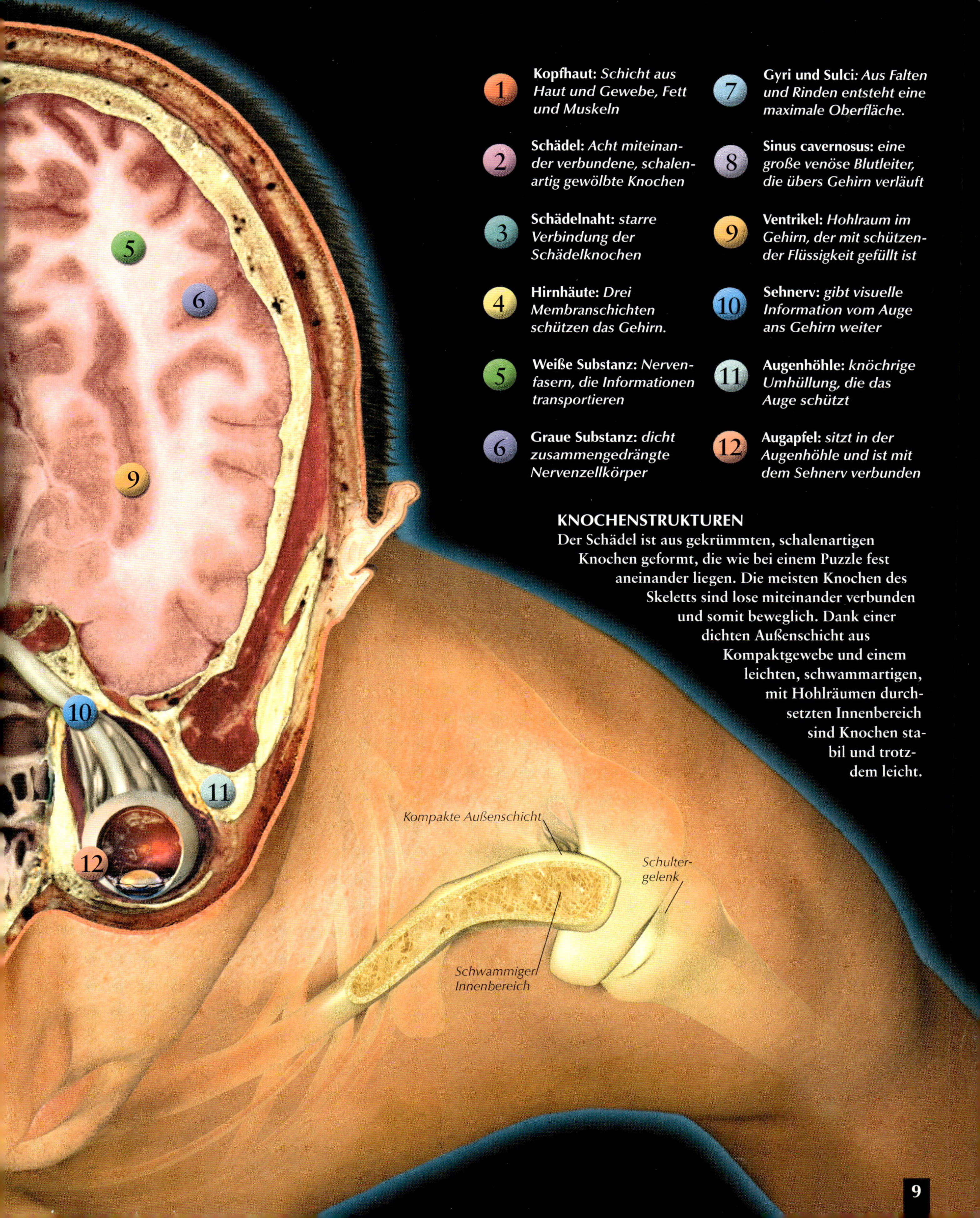

1 **Kopfhaut:** *Schicht aus Haut und Gewebe, Fett und Muskeln*

2 **Schädel:** *Acht miteinander verbundene, schalenartig gewölbte Knochen*

3 **Schädelnaht:** *starre Verbindung der Schädelknochen*

4 **Hirnhäute:** *Drei Membranschichten schützen das Gehirn.*

5 **Weiße Substanz:** *Nervenfasern, die Informationen transportieren*

6 **Graue Substanz:** *dicht zusammengedrängte Nervenzellkörper*

7 **Gyri und Sulci:** *Aus Falten und Rinden entsteht eine maximale Oberfläche.*

8 **Sinus cavernosus:** *eine große venöse Blutleiter, die übers Gehirn verläuft*

9 **Ventrikel:** *Hohlraum im Gehirn, der mit schützender Flüssigkeit gefüllt ist*

10 **Sehnerv:** *gibt visuelle Information vom Auge ans Gehirn weiter*

11 **Augenhöhle:** *knöchrige Umhüllung, die das Auge schützt*

12 **Augapfel:** *sitzt in der Augenhöhle und ist mit dem Sehnerv verbunden*

KNOCHENSTRUKTUREN

Der Schädel ist aus gekrümmten, schalenartigen Knochen geformt, die wie bei einem Puzzle fest aneinander liegen. Die meisten Knochen des Skeletts sind lose miteinander verbunden und somit beweglich. Dank einer dichten Außenschicht aus Kompaktgewebe und einem leichten, schwammartigen, mit Hohlräumen durchsetzten Innenbereich sind Knochen stabil und trotzdem leicht.

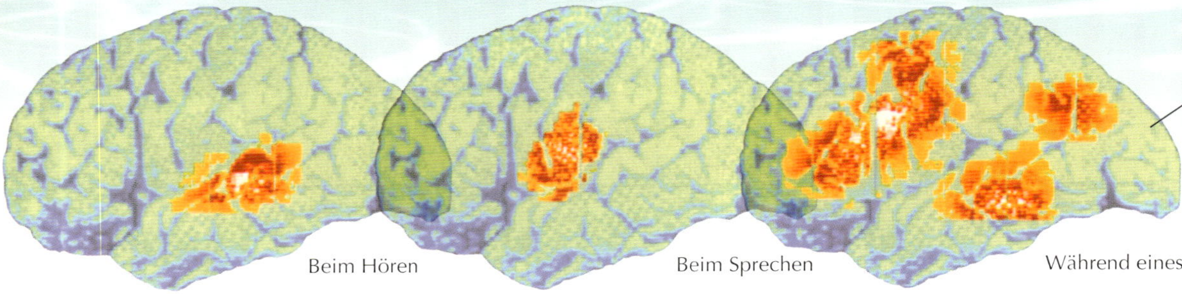

BLICK INS GEHIRN
Scanner-Aufnahmen vom Gehirn zeigen, welche Teile wann am aktivsten sind. Auf diesen drei Bildern wird deutlich, dass im Laufe eines Gesprächs verschiedene Bereiche beteiligt sind. Beim Zuhören wird der Teil des Gehirns aktiviert, der Informationen von deinem Ohr bekommt. Wenn du sprichst, wird der Bereich, der deinen Stimmbändern Signale sendet, aktiv.

Das Gehirn

Das Gehirn ist das erstaunlichste Organ im menschlichen Körper und zugleich auch das geheimnisvollste. Diese graue, wabbelige Masse ist für deine ganze innere Welt verantwortlich, für alles, was du siehst, fühlst, denkst, träumst und erinnerst. Das Gehirn arbeitet wie ein unglaublich komplizierter Computer, der sich ständig selbst weiterentwickelt, je mehr er lernt. Sein Grundelement ist das Neuron – eine dünne, drahtähnliche Zelle, die elektrische Signale an andere Neuronen sendet. Mehr als 100 Milliarden Neuronen gibt es im Gehirn und jedes verfügt über bis zu 100 000 Verknüpfungen. In jeder Sekunde schießen Abermillionen elektrischer Signale mit einer Geschwindigkeit von bis zu 400 km/h hin und her. So entstehen unendlich verstrickte Wege durch das verknüpfte Labyrinth.

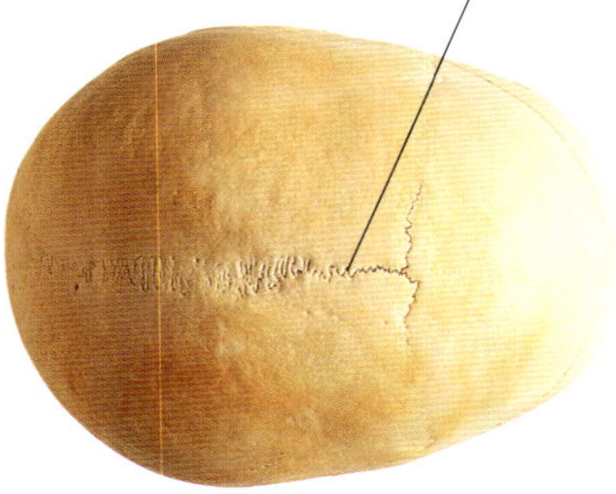

***Schädelnaht:** Hier sind die Knochen des Schädels zusammengewachsen.*

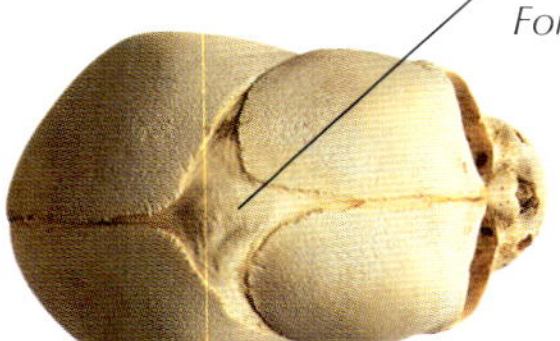

Vordere Fontanelle

HARTER KOPF
Das Kranium, der Teil des Kopfes, der das Gehirn umhüllt, wird von acht eng aneinanderliegenden Knochenschalen gebildet. Sie fügen sich aber erst im 18. Lebensmonat endgültig zusammen. Vorher sind sie durch die Fontanellen (mit elastischem Bindegewebe gefüllte Lücken) voneinander getrennt. Dank dieser Lücken lässt sich der Schädel bei der Geburt zusammendrücken. Danach kann sich der Schädel ausdehnen, wenn das Gehirn des Babys wächst.

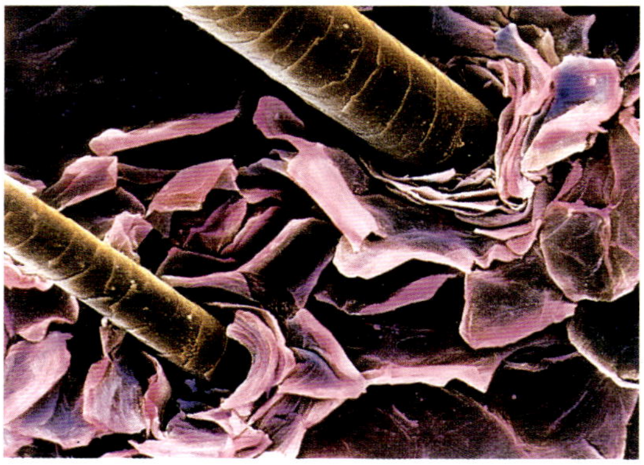

KOPFSCHUTZ
Ungefähr 10 000 kleine Öffnungen, so genannte Follikel, aus denen jeweils ein Haar herauswächst, bedecken deine Kopfhaut. Haare sind nicht nur zur Zierde da, sie dienen als Allwetter-Hut. Sie verhindern, dass dein Kopf Wärme verliert, und schützen die Kopfhaut gegen Sonnenbrand.

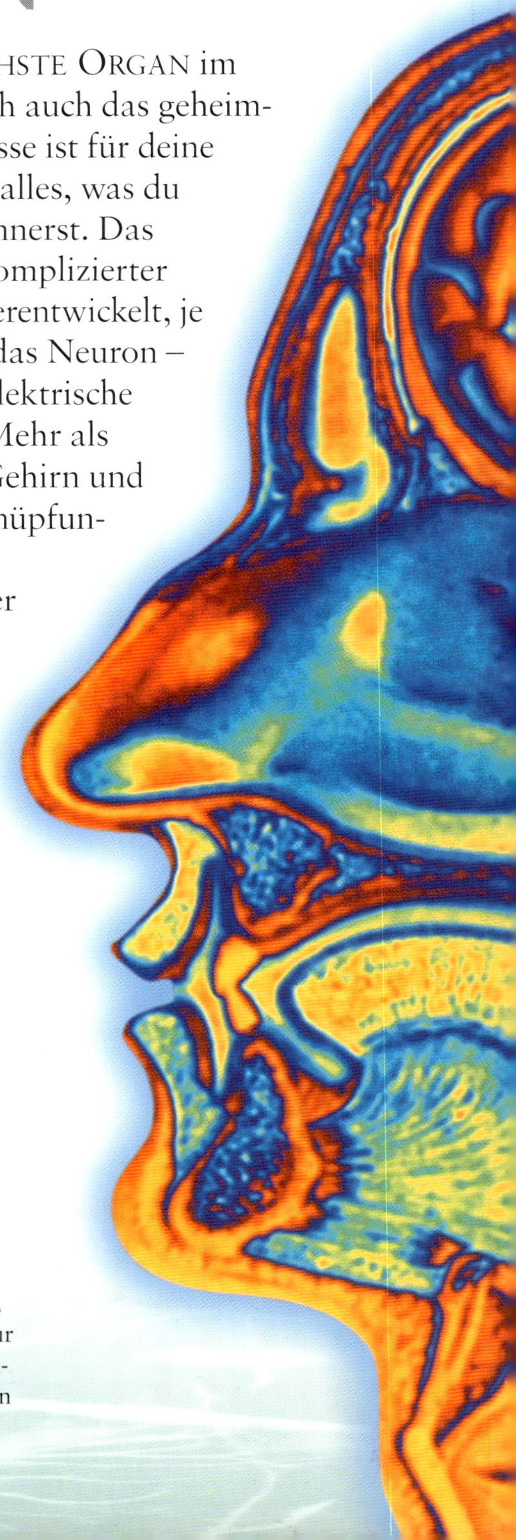

EIN SCHNITT DURCH DEN KOPF

Dieses Bild, ein „Schnitt“ durch den Kopf, wurde mit einem MRI-Scanner gemacht. Es zeigt deutlich, dass das Gehirn aus verschiedenen Bereichen besteht. Jeder dieser Bereiche hat eine spezielle Funktion. Der Hauptteil, das schrumpelige Großhirn, ist in zwei miteinander verbundene Hälften geteilt, denen verschiedene Fähigkeiten zuzuordnen sind. Die linke Seite ist normalerweise für Rechnen und Sprache zuständig, die rechte ist im visuellen Bereich besser, z.B. im Erkennen von Gesichtern.

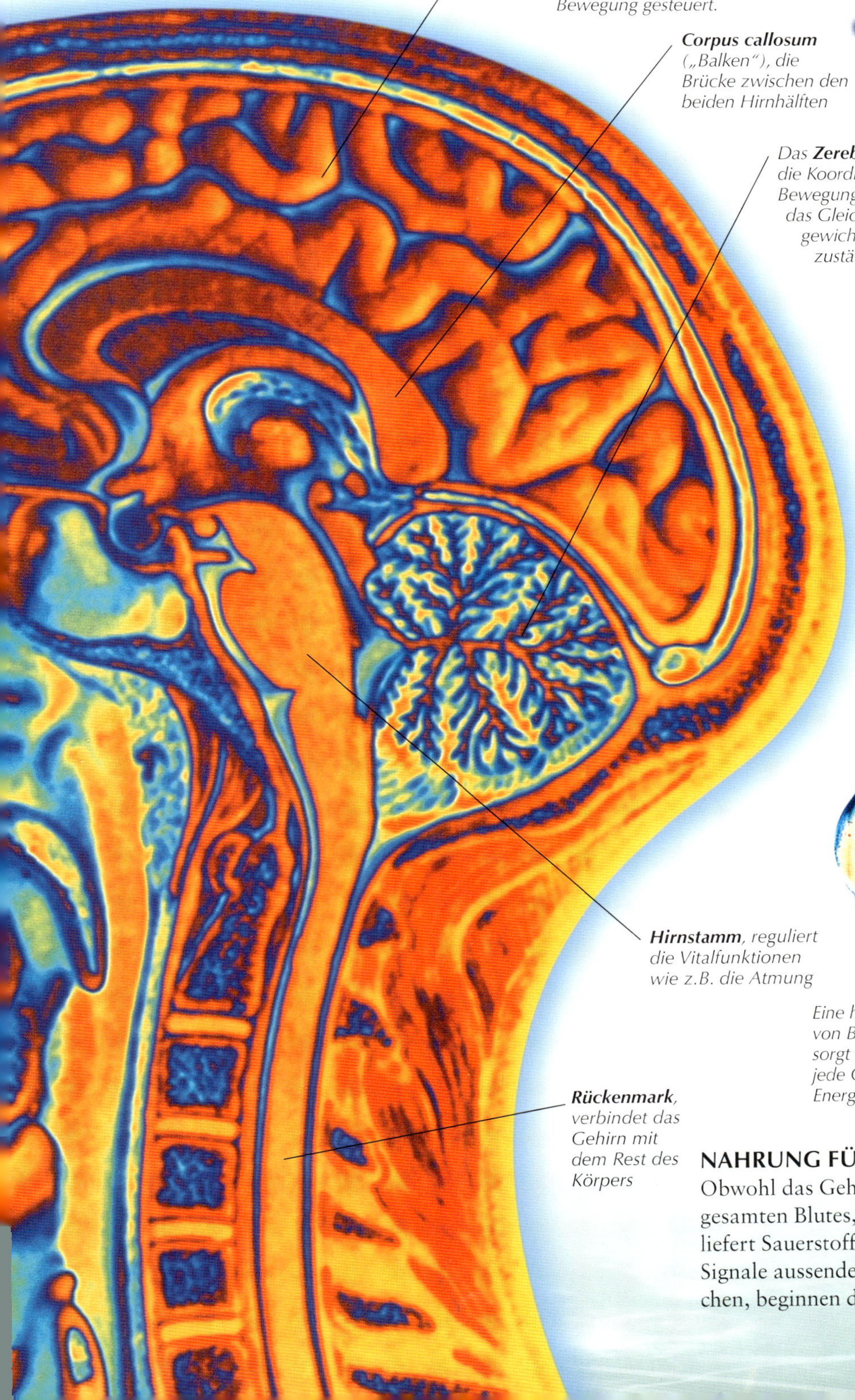

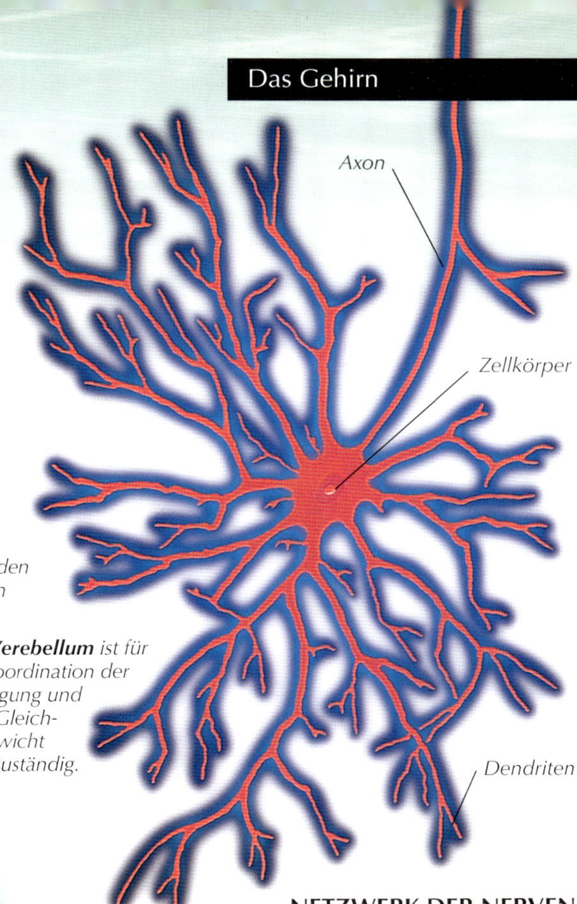

NETZWERK DER NERVEN

Jedes Neuron, jede Nervenzelle, hat ein Axon, das Signale nach außen sendet, und bis zu 100 000 verzweigte Dendriten, die Informationen von außen zum Zellkörper bringen. Die Verbindungen zwischen den Neuronen sind nicht fest. Während du lernst, bilden sich immer neue Verbindungen. Mit dem Alter verkümmern die Dendriten und die Zahl der Verknüpfungen sinkt.

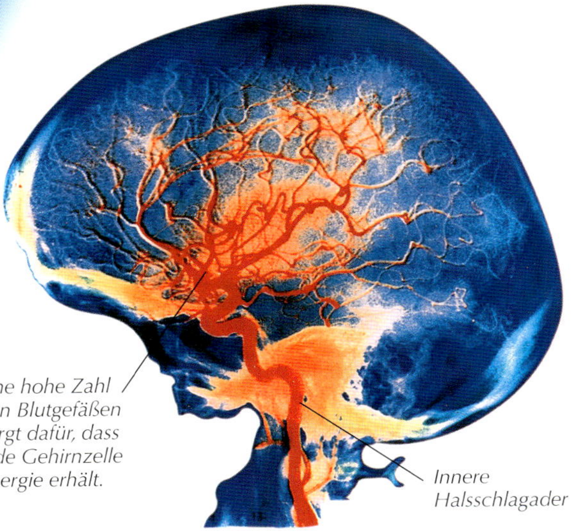

NAHRUNG FÜR DAS GEHIRN

Obwohl das Gehirn relativ klein ist, braucht es ein Fünftel des gesamten Blutes, das das Herz durch den Körper pumpt. Das Blut liefert Sauerstoff und Zucker, damit die Neuronen ihre elektrischen Signale aussenden können. Ist die Blutzufuhr zum Gehirn unterbrochen, beginnen die Hirnzellen nach wenigen Minuten abzusterben.

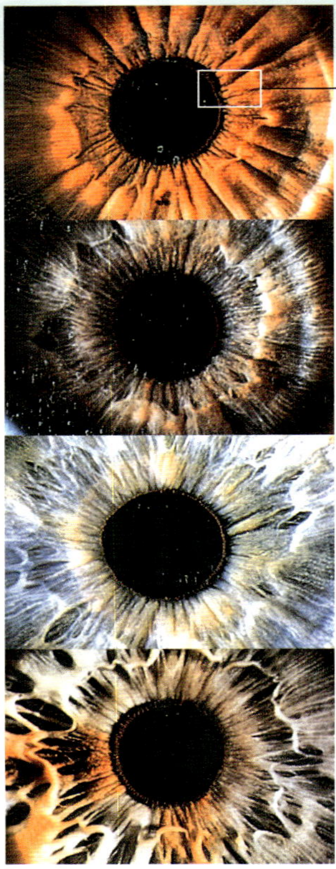

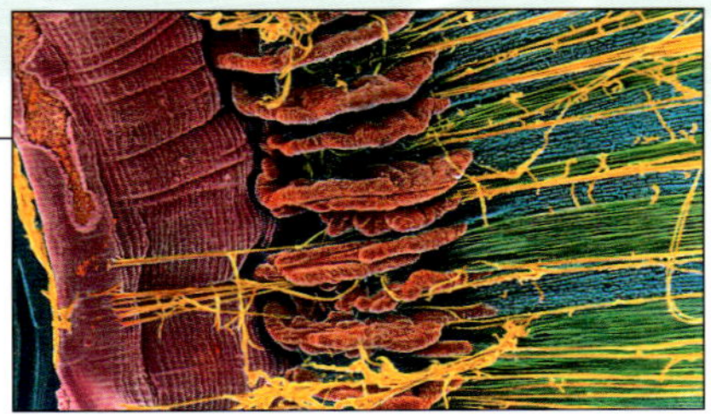

DAS INNERE DER IRIS
Die Regenbogenhaut (Iris) besitzt zwei Muskeln: einen Ringmuskel und einen Radialmuskel, vergleichbar mit den Speichen eines Rads. Sie kontrollieren die Öffnung der Pupille – die Blendöffnung, durch die Licht ins Auge eintritt. Durch Verengen der Pupille schützen sie die Netzhaut vor zu hellem Licht und erhöhen durch Weiten deine Fähigkeit, im Dunkeln zu sehen.

AUGE UND OHR

AUGEN UND OHREN sind unsere wichtigsten Sinnesorgane, durch die wir die Welt um uns herum wahrnehmen. Sie nehmen Informationen auf und wandeln sie in elektrische Signale um, die unser Gehirn verarbeitet. Da wir zwei Augen und zwei Ohren haben, sehen und hören wir alles zweimal. Unser Gehirn fasst all diese sensorischen Informationen zusammen und übermittelt uns ein Stereo-Hören und dreidimensionales Sehen. Unsere Ohren nehmen nicht nur Töne wahr, sie dirigieren auch Haltung und Bewegung unseres Körpers und halten uns im Gleichgewicht.

AUGENFARBE
Die Iris gibt dem Auge seine Farbe. Sie ist so einzigartig wie ein Fingerabdruck. Bei jedem Menschen ist sie anders gefärbt und gemustert. Die Unterschiede entstehen durch verschiedene Mengen eines einzigen Pigments: das Melanin, das auch deine Hautfarbe bestimmt.

LICHT UND FARBE
Deine Netzhaut besteht aus zwei Arten von lichtempfindlichen Zellen: Stäbchen und Zapfen. Die Zapfen ermöglichen das Farbsehen, funktionieren aber nur bei hellem Licht. Die Stäbchen arbeiten am besten im Halbdunkel, können aber keine Farben erkennen. Nachts siehst du hauptsächlich mit den Stäbchen.

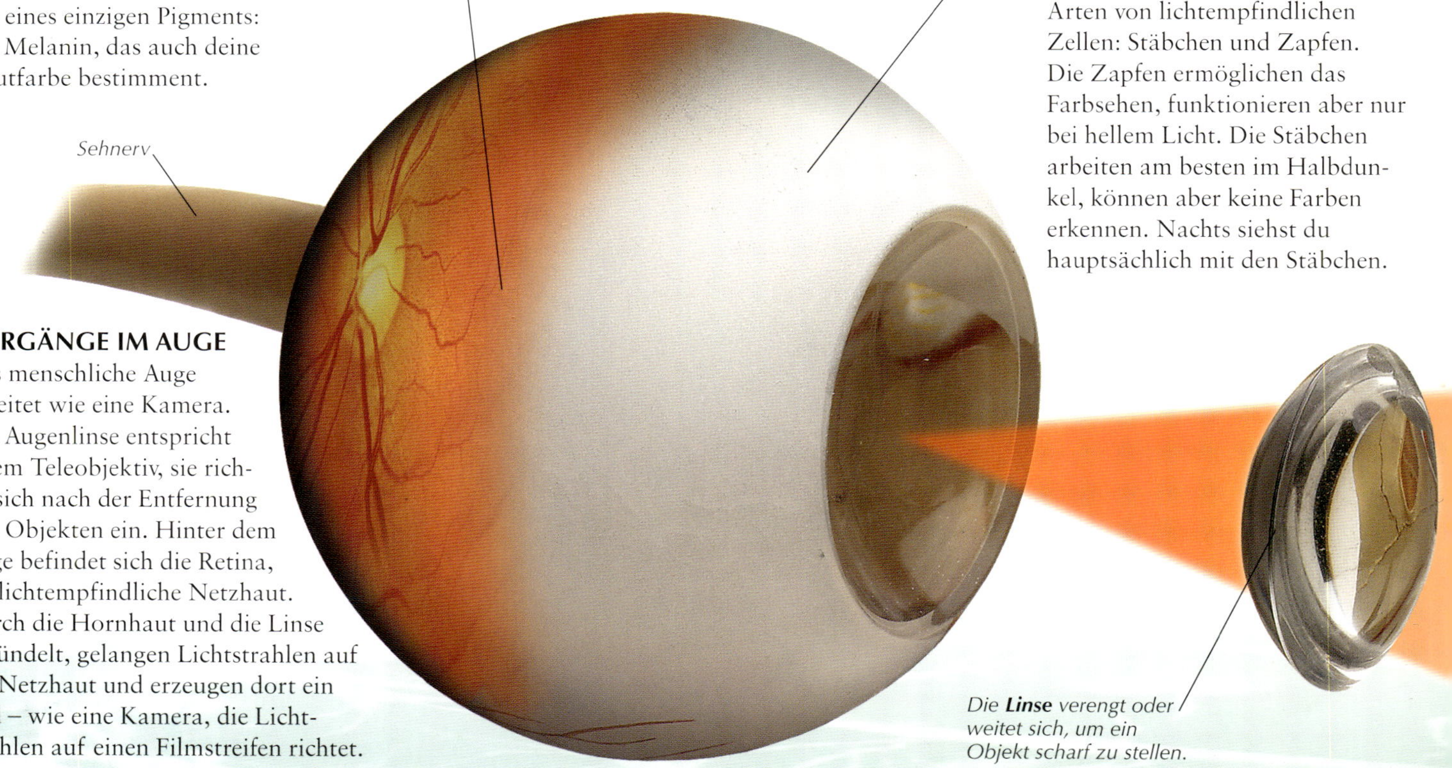

VORGÄNGE IM AUGE
Das menschliche Auge arbeitet wie eine Kamera. Die Augenlinse entspricht einem Teleobjektiv, sie richtet sich nach der Entfernung von Objekten ein. Hinter dem Auge befindet sich die Retina, die lichtempfindliche Netzhaut. Durch die Hornhaut und die Linse gebündelt, gelangen Lichtstrahlen auf die Netzhaut und erzeugen dort ein Bild – wie eine Kamera, die Lichtstrahlen auf einen Filmstreifen richtet.

DAS OHR

Die Ohrmuschel ist nur der sichtbare Teil des Sinnesorgans Ohr. Sie leitet Luftschwingungen (Schallwellen) zum Trommelfell, wo sie verstärkt werden. Im Innenohr, tief in unserem Schädel, werden die Schwingungen in elektrische Impulse umgewandelt und zum Gehirn gesendet.

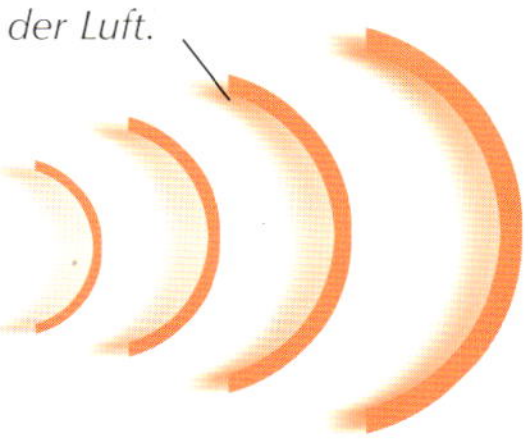

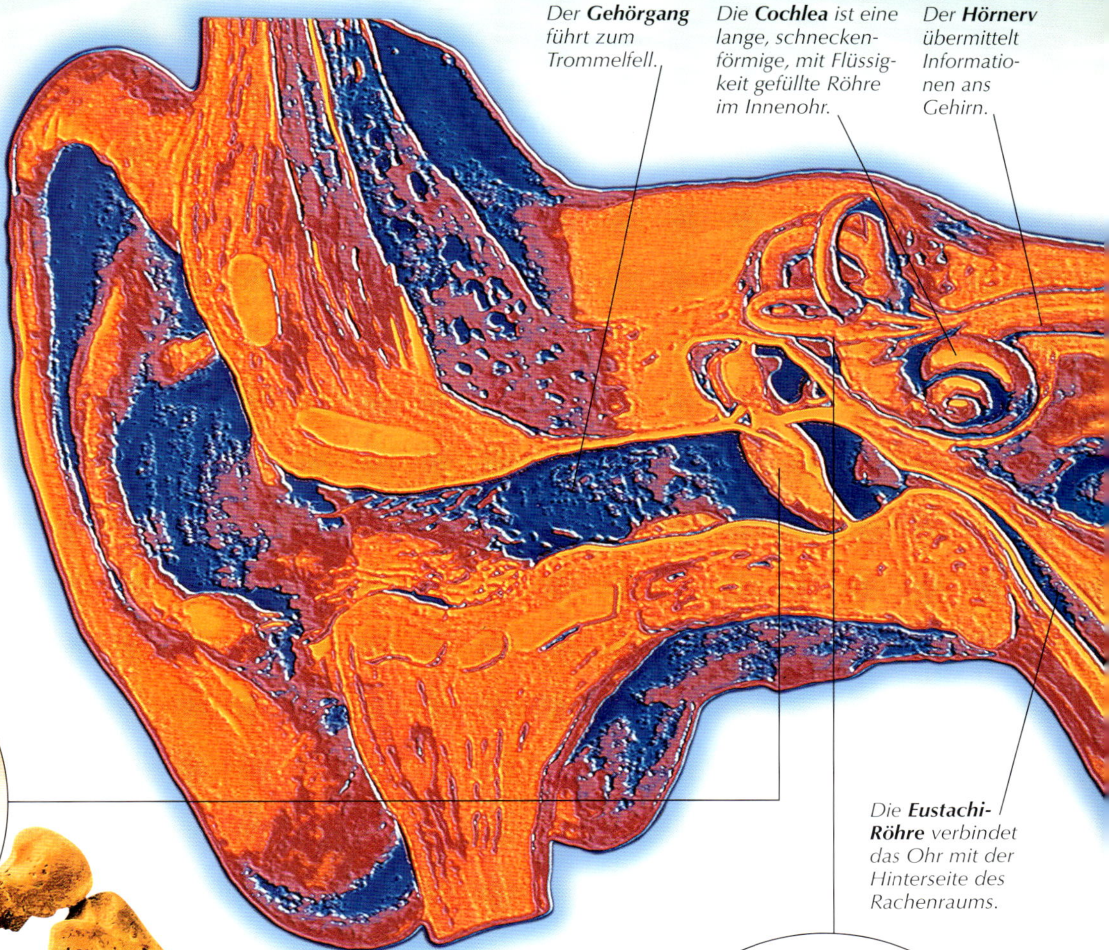

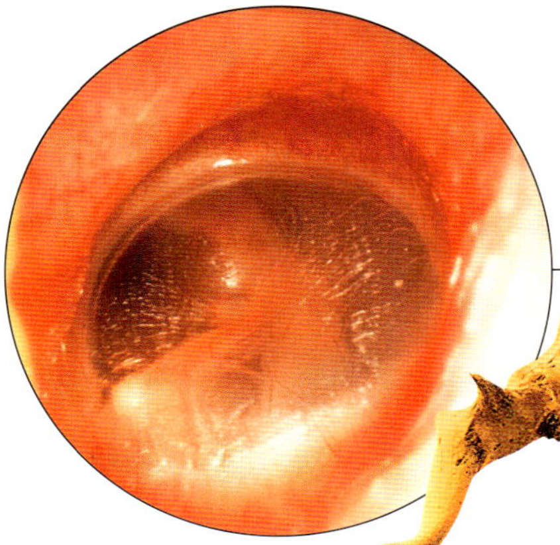

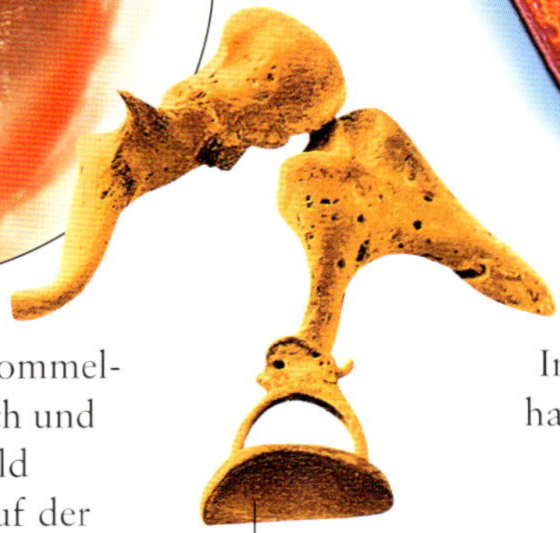

Die Gehörknöchelchen sitzen hinter dem Trommelfell.

SCHLAGZEUG

Diese Membran ist das Trommelfell. Sie ist sehr empfindlich und beginnt zu vibrieren, sobald Schallwellen auftreffen. Auf der anderen Seite des Trommelfells liegen drei miteinander verbundene Knöchelchen, welche die Schwingungen verstärken und in dein Innenohr weiterleiten.

GLEICHGEWICHTSSINN

In deinem Innenohr befinden sich drei halbkreisförmige Bogengänge, die mit einer Flüssigkeit gefüllt sind. Wenn du dich bewegst, kommt auch die Flüssigkeit in mindestens einem dieser Bogengänge in Bewegung. Sie wird von den Sinneszellen am Ende dieser Gänge registriert und in Form von Signalen an das Gehirn weitergeleitet, das dafür sorgt, dass du dein Gleichgewicht halten kannst.

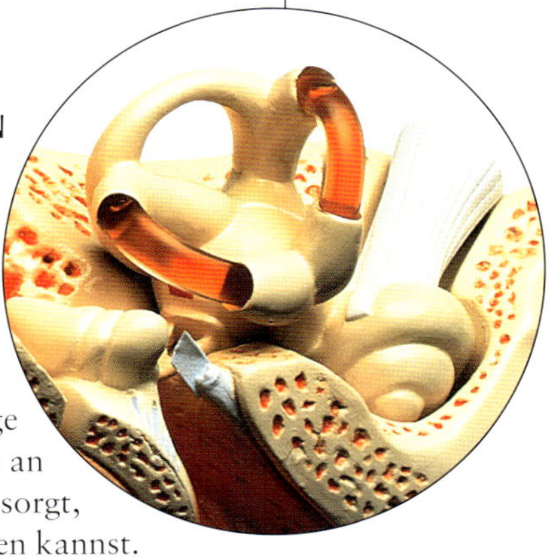

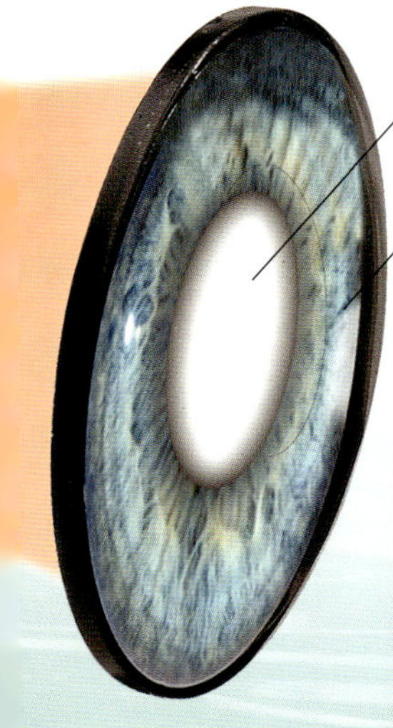

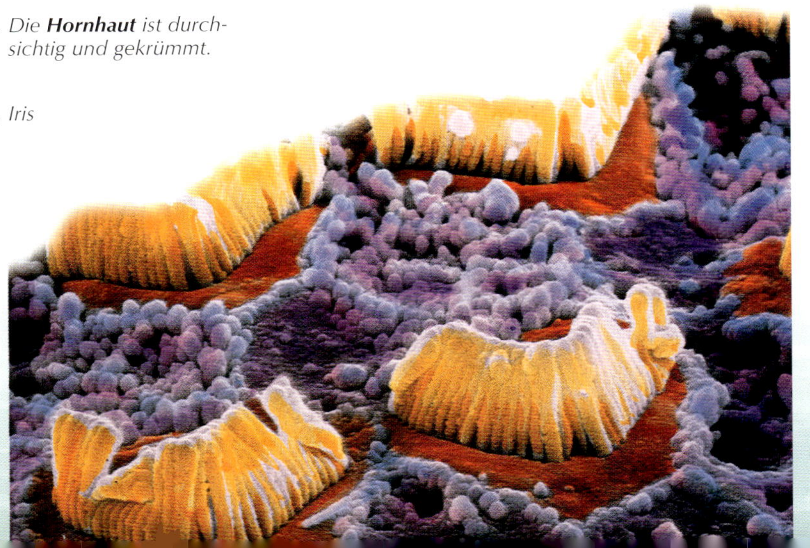

KLANGBRÜCKE

Diese Haarzellen befinden sich in einer Membran in der Gehörschnecke (Cochlea). Das Innenohr ist mit Flüssigkeit gefüllt, die zu wogen beginnt, wenn Schallwellen durch sie hindurchgehen. So wird die Membran in Schwingung versetzt. Die Härchen werden durch die Schwingungen bewegt und senden elektrische Signale ans Gehirn, das sie als Töne wahrnimmt.

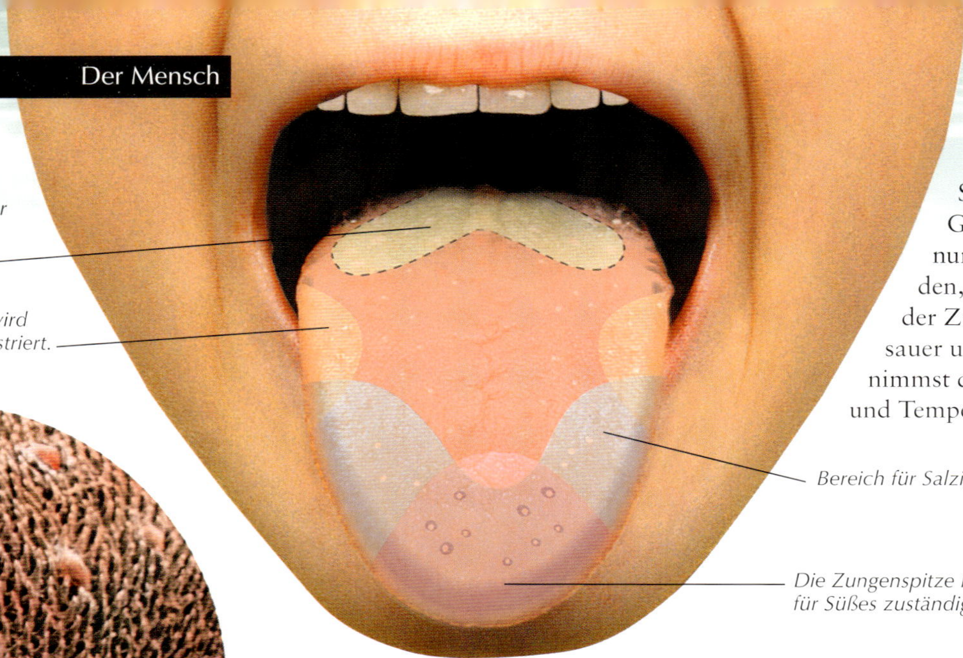

ZUNGE UND GESCHMACK

Speisen haben sehr unterschiedlichen Geschmack, deine Zunge kann aber nur vier Grundrichtungen unterscheiden, für die jeweils ein spezieller Bereich der Zunge zuständig ist: salzig, bitter, sauer und süß. Außer dem Geschmack nimmst du aber auch Geruch, Beschaffenheit und Temperatur der Nahrung wahr.

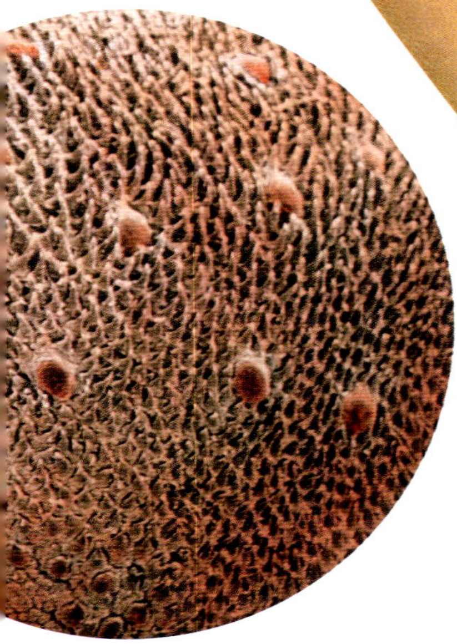

NASE UND MUND

NASE UND MUND sind technische Wunderwerke, sie erfüllen erstaunlich viele Aufgaben gleichzeitig. Ohne sie könntest Du weder atmen noch essen, riechen, schmecken, sprechen oder lächeln. Die Sinneszellen in Nase und Mund arbeiten zusammen, wenn es darum geht, die Nahrung zu prüfen – etwas, was unangenehm riecht oder schmeckt, könnte unbekömmlich sein. Auch beim Atmen sind Nase und Mund die Eingangspforten, an denen die Luft gereinigt wird, bevor sie in die Lungen gelangt. Sie helfen auch, den Ton, den deine Stimmbänder produzieren, zu formen und ermöglichen so eine der unglaublichsten Fähigkeiten des Körpers: das Sprechen.

BEWEGLICHE ZUNGE

Die Zunge ist mit hunderten winziger Hügelchen, den Papillen, bedeckt. Diese raue Oberfläche lässt sie Nahrung gut aufnehmen. Die Zunge hilft uns auch beim Sprechen. Zusammen mit den Lippen verändert sie die von den Stimmbändern kommenden Töne.

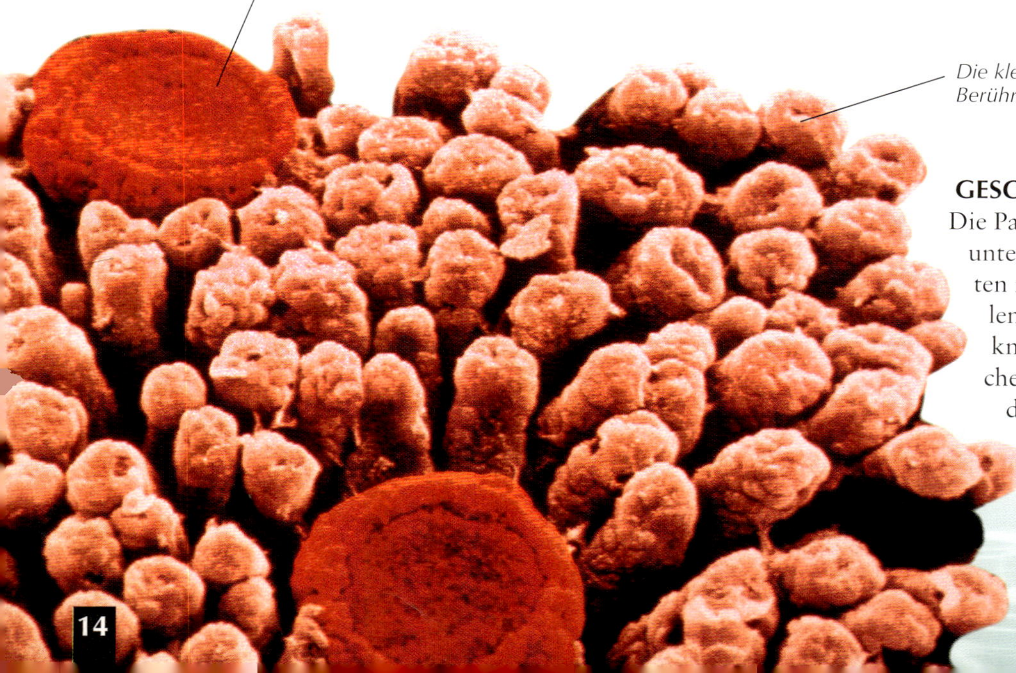

GESCHMACKSEMPFINDUNG

Die Papillen der Zunge sind unterschiedlich groß. In Spalten rund um die größten Papillen sitzen die Geschmacksknospen. Sie nehmen die chemischen Substanzen wahr, die etwas süß, bitter, salzig oder sauer machen. Werden sie berührt, senden sie ihre Informationen als Nervensignale ans Gehirn.

MILCHZÄHNE

Im Mund eines Kleinkindes haben nicht alle späteren Zähne Platz, ab dem sechsten Lebensmonat erscheinen daher erst einmal 20 kleinere Zähne. Sie werden nach mehreren Jahren dann durch 32 größere, tiefer verwurzelte Zähne ersetzt.

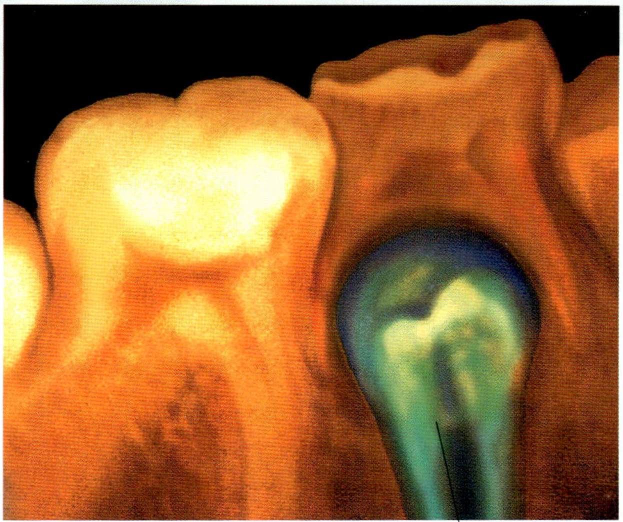

Ein Milchzahn wird von einem nachfolgenden Zahn hinausgedrängt.

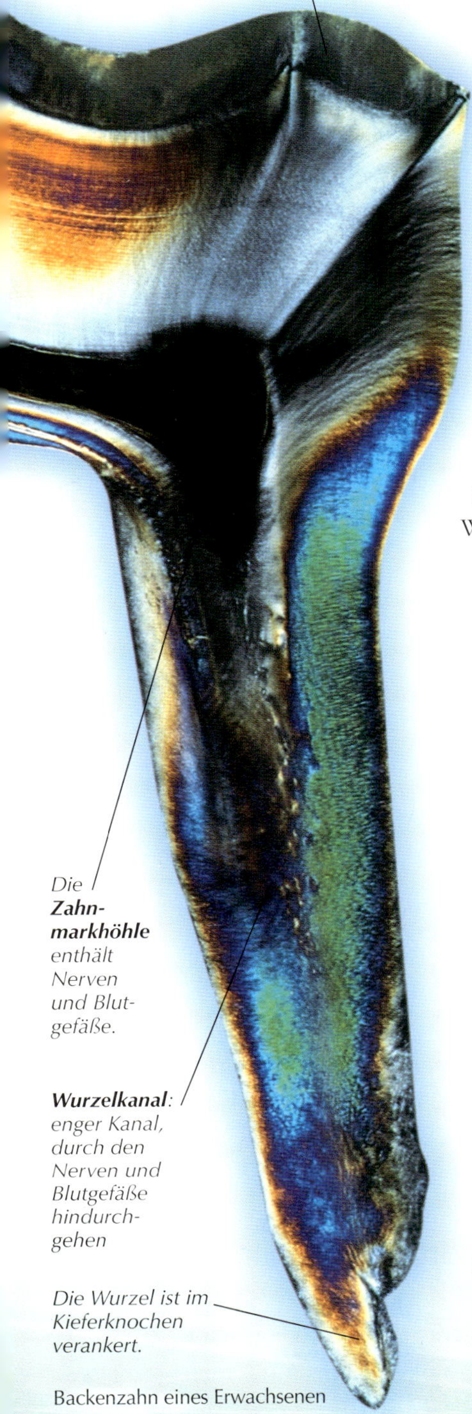

***Zahnschmelz** schützt den Zahn vor Abnutzung und Rissen.*

Die **Zahnmarkhöhle** *enthält Nerven und Blutgefäße.*

***Wurzelkanal**: enger Kanal, durch den Nerven und Blutgefäße hindurchgehen*

Die Wurzel ist im Kieferknochen verankert.

Backenzahn eines Erwachsenen

DAS INNERE EINES ZAHNS

Die härteste Substanz unseres Körpers ist der Zahnschmelz, das Weiße an deinen Zähnen. Er ist so hart, dass der Zahnarzt einen Bohrer mit einem Diamantkopf benötigt, um in den Zahn einzudringen. Unter dem Schmelz ist weicheres Material, Dentin, das die Zahnhöhle umgibt. Dies ist der empfindlichste Bereich des Zahns, dort liegen Nerven und Blutgefäße. Deine Zähne haben auch Wurzeln, die fest im Kiefer verankert sind.

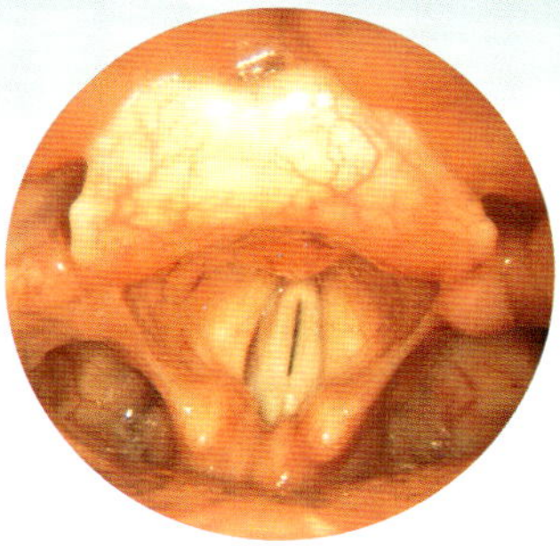

Geschlossene Stimmbänder von oben

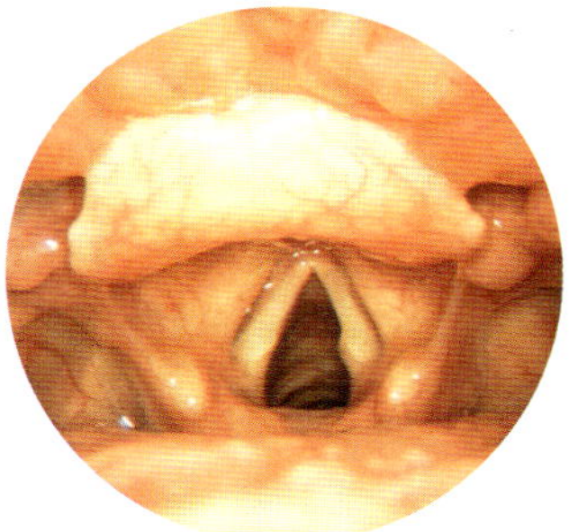

Offene Stimmbänder lassen Luft durch.

SCHWINGUNGEN

Deine Stimmbänder – zwei Gewebestreifen ähnlich wie Gummibänder – produzieren Töne. Sie öffnen und schließen sich, um die Luftzufuhr zu regulieren. Diese Luftbewegung bringt sie zum Schwingen und es entsteht ein Ton. Je dichter die Stimmbänder aneinander liegen, desto höhere Töne entstehen.

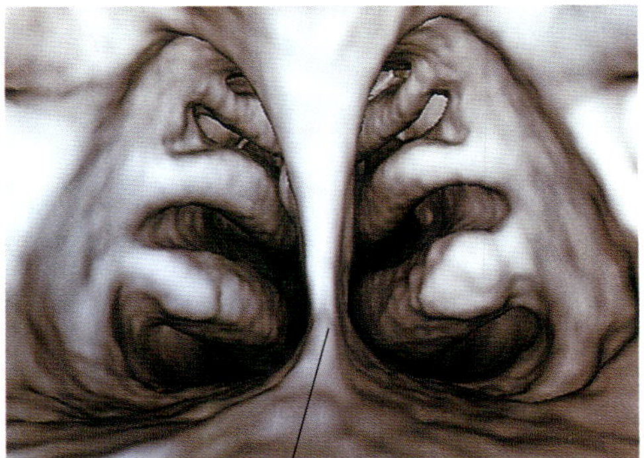

Nasenscheidewand

IN DEINER NASE

Auf diesem Bild sieht man das Innere einer Nase. Die Nasenscheidewand unterteilt die Nase in zwei Höhlen, die sich jeweils zu den Nasenlöchern hin öffnen. Die Nasenhöhlen enthalten etwa 10 Millionen Geruchsrezeptoren, von denen jeder mehrere Gerüche wahrnehmen kann.

SAUBERWISCHEN

Das Innere deiner Nase ist mit dickem Schleim überzogen, in dem sich Schmutz und Keime fangen. Winzige Härchen wischen den Schleim mit dem Schmutz ständig in den hinteren Teil des Rachens, wo er hinuntergeschluckt wird. Die Magensäure tötet dann die Keime ab.

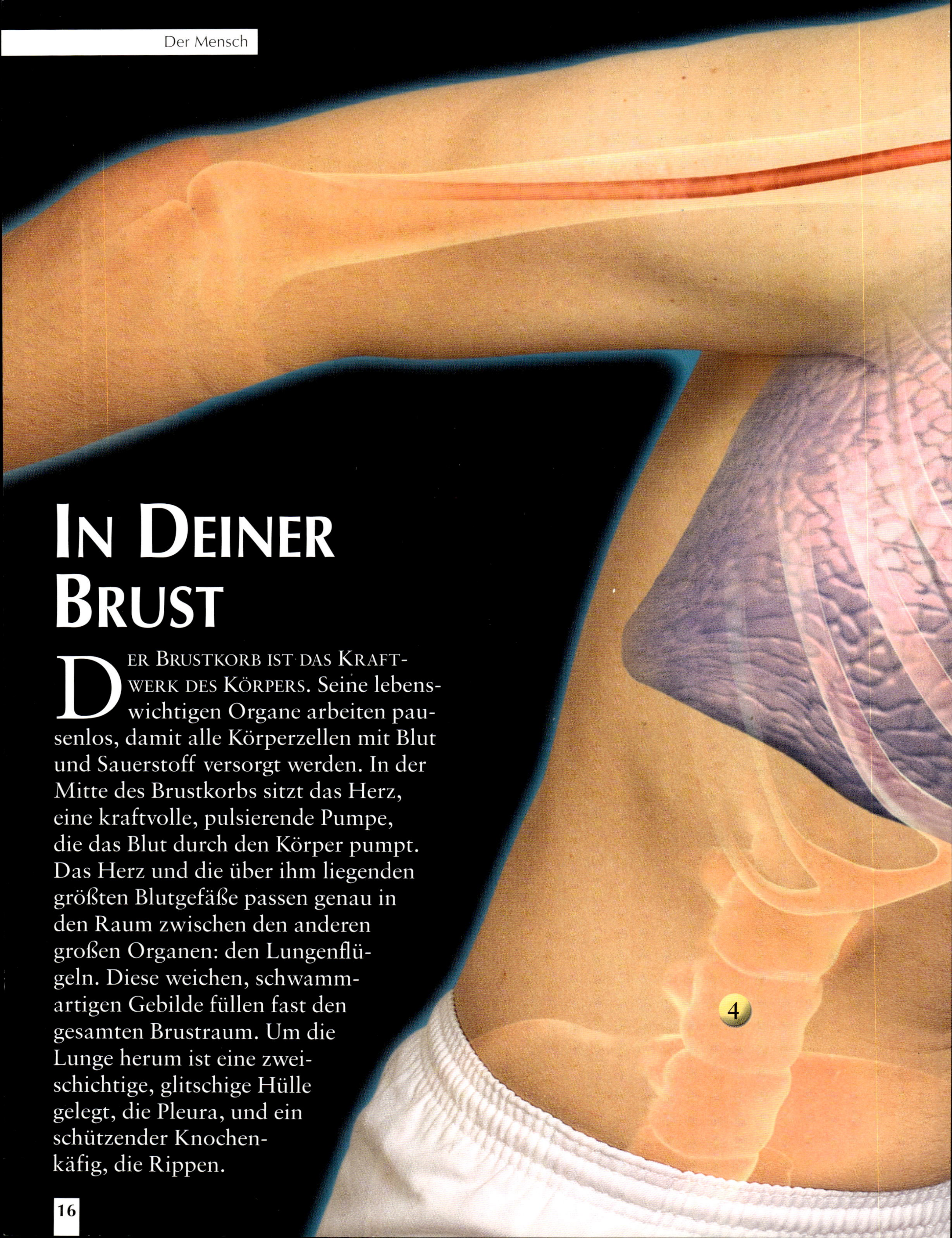

In Deiner Brust

Der Brustkorb ist das Kraftwerk des Körpers. Seine lebenswichtigen Organe arbeiten pausenlos, damit alle Körperzellen mit Blut und Sauerstoff versorgt werden. In der Mitte des Brustkorbs sitzt das Herz, eine kraftvolle, pulsierende Pumpe, die das Blut durch den Körper pumpt. Das Herz und die über ihm liegenden größten Blutgefäße passen genau in den Raum zwischen den anderen großen Organen: den Lungenflügeln. Diese weichen, schwammartigen Gebilde füllen fast den gesamten Brustraum. Um die Lunge herum ist eine zweischichtige, glitschige Hülle gelegt, die Pleura, und ein schützender Knochenkäfig, die Rippen.

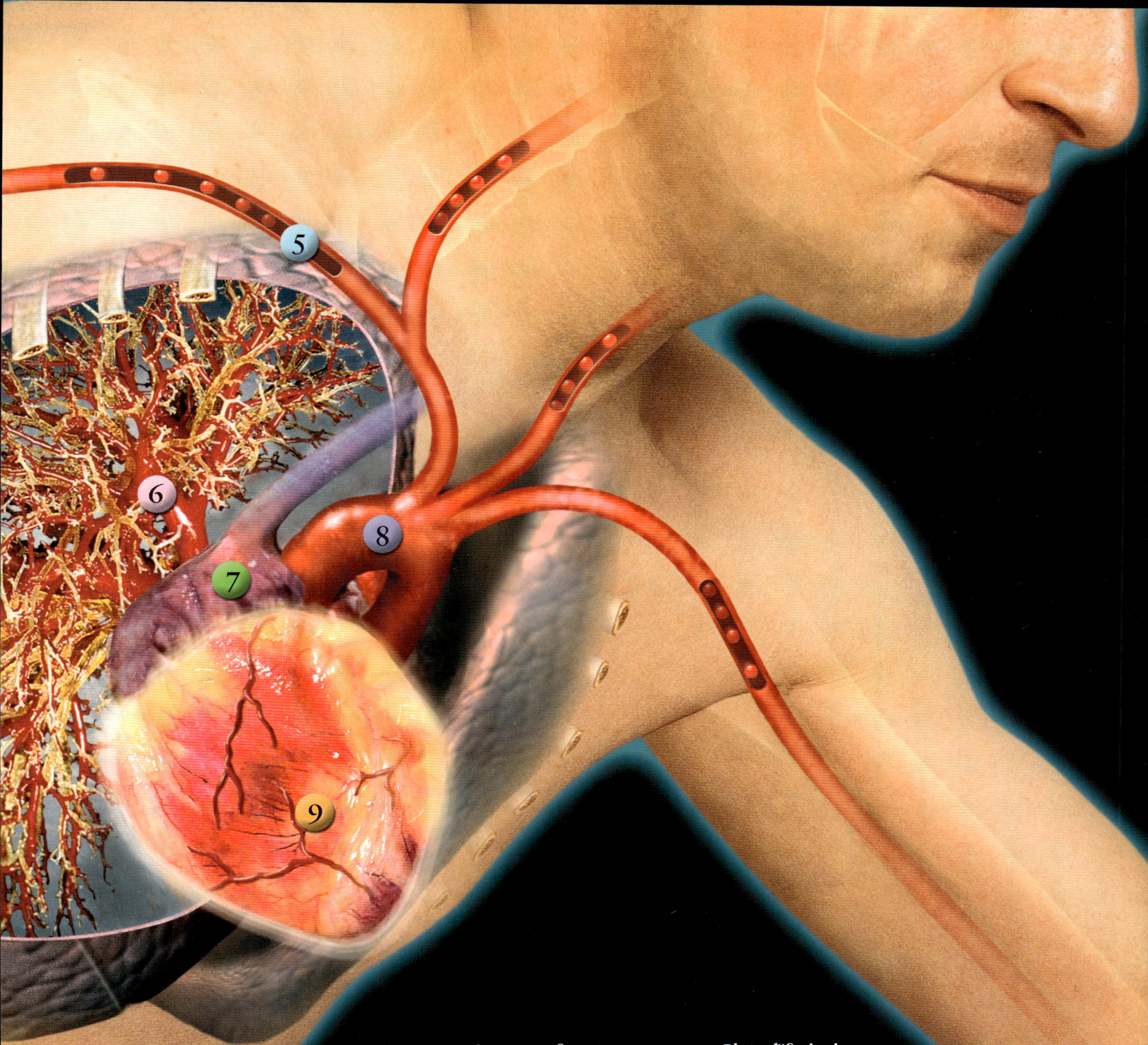

1 **Lunge:** *großes Organ, das Sauerstoff aufnimmt*

2 **Herz:** *Muskelpumpe, die das Blut im Körper kreisen lässt*

3 **Rippen:** *Knochenkäfig, schützt die Organe im Brustkorb*

4 **Rückgrat:** *stützende Säule aus verhakten Knochen*

5 **Sauerstoffreiches Blut:** *wandert in Richtung Arm*

6 **Blutgefäße in der Lunge:** *leiten Blut durch das Organ*

7 **Rechter Vorhof:** *Herzkammer, in der sich das verbrauchte Blut sammelt*

8 **Aorta:** *führt sauerstoffreiches Blut vom Herzen weg*

9 **Herzkranzarterie:** *versorgt das Herz mit Blut*

10 **Bronchiolen:** *verzweigte Kanäle, die Luft in die Lunge und aus ihr heraus leiten*

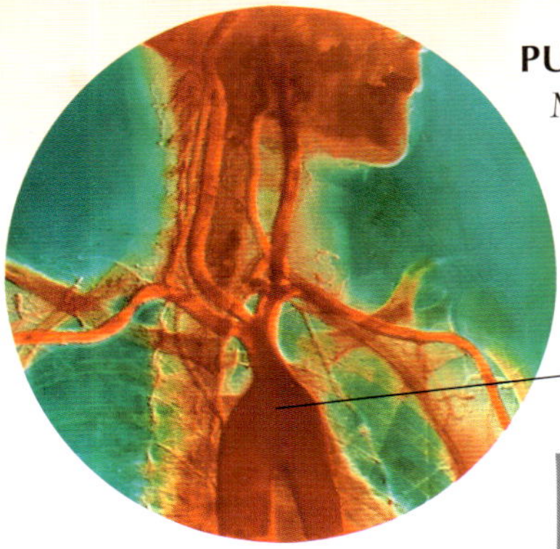

PUMPKRAFT
Mit jedem Herzschlag wird ungefähr eine halbe Tasse Blut durch deine Arterien geschickt. Auf diesem Röntgenbild sieht man den Aortenbogen, der aussieht wie der Knauf eines Spazierstocks. In ihm wird das Blut vom Herz weggeleitet. Die Aorta biegt sich dann hinter das Herz, um das Blut in den unteren Teil des Körpers weiterzuführen.

DAS HERZ

DEIN HERZ IST EINE KRAFTVOLLE MUSKELPUMPE, die das Blut im Körper zirkulieren lässt. Es verrichtet eine ungeheure Arbeitsleistung. Sogar wenn du schläfst, arbeitet es mehr als deine Beinmuskeln beim Laufen – und doch wird dein Herz nie müde oder hält für eine Weile an. Es schlägt ungefähr 70-mal pro Minute, 100 000-mal am Tag und 40-Millionen-mal im Jahr. Eigentlich ist dein Herz eine doppelte Pumpe. Seine rechte Hälfte schickt verbrauchtes Blut zur Sauerstoffaufnahme in die Lunge, dann leitet die linke Hälfte das mit Sauerstoff angereicherte Blut in den übrigen Körper. Die linke Herzhälfte ist der dickere Muskel, weil er mit höherem Druck pumpen muss, um alle Zonen des Körpers zu erreichen.

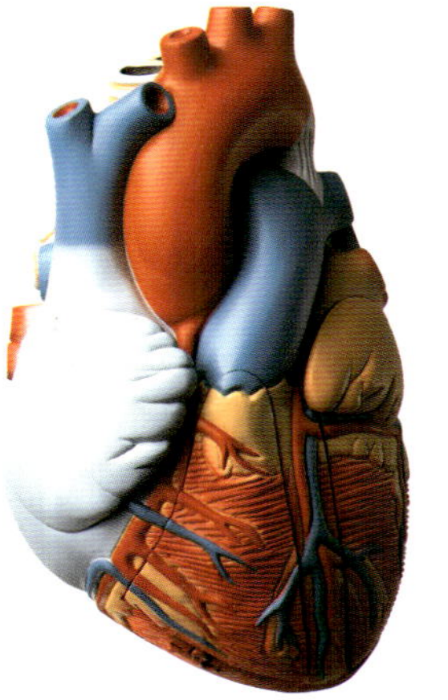

HERZSCHLAG
Das Herz ist ungefähr so groß wie eine Faust, aber viel kräftiger. Wenn es schlägt, pressen sich seine Muskelwände stärker zusammen, als du deine Faust ballen kannst. Dadurch wird das Blut aus den großen Kammern herausgedrückt.

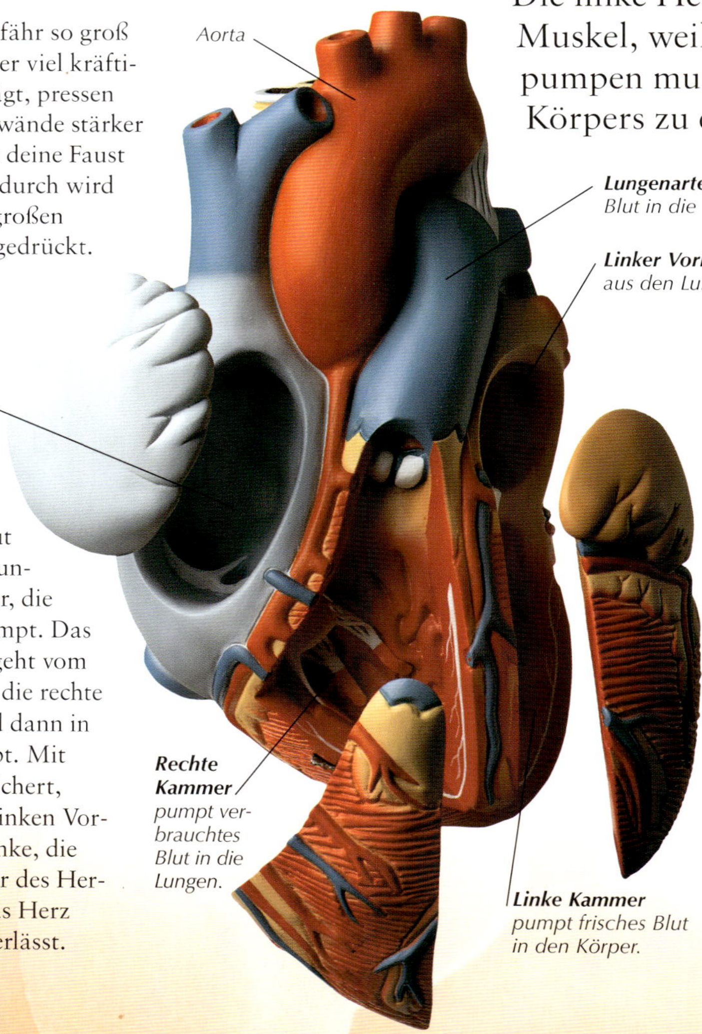

KAMMERN
Das Herz hat zwei Vorhöfe, in denen sich das Blut sammelt, und darunter je eine Kammer, die das Blut weiterpumpt. Das verbrauchte Blut geht vom rechten Vorhof in die rechte Kammer und wird dann in die Lunge gepumpt. Mit Sauerstoff angereichert, gelangt es in den linken Vorhof, dann in die linke, die kräftigere Kammer des Herzens, von wo es das Herz durch die Aorta verlässt.

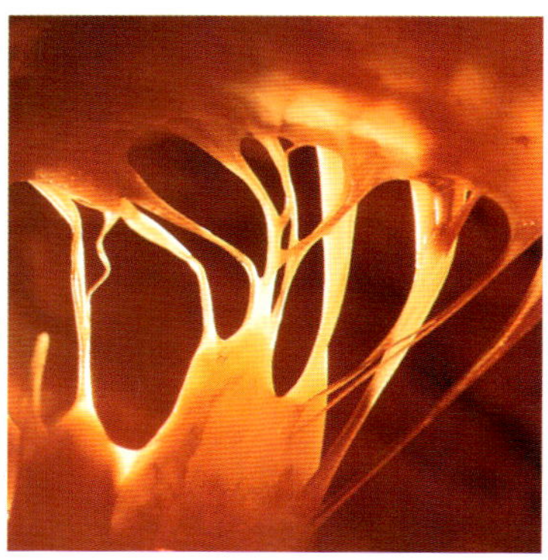

SEHNENFÄDEN
Zwischen Vorhof und Kammer befindet sich jeweils eine Klappe, die das Blut nur in einer Richtung hindurchfließen lässt. Diese Segelklappen sind durch feste Sehnenfäden mit der Innenseite des Herzens verbunden, um zu verhindern, dass sie „durchschlagen“, so wie sich ein Regenschirm im Wind umklappt.

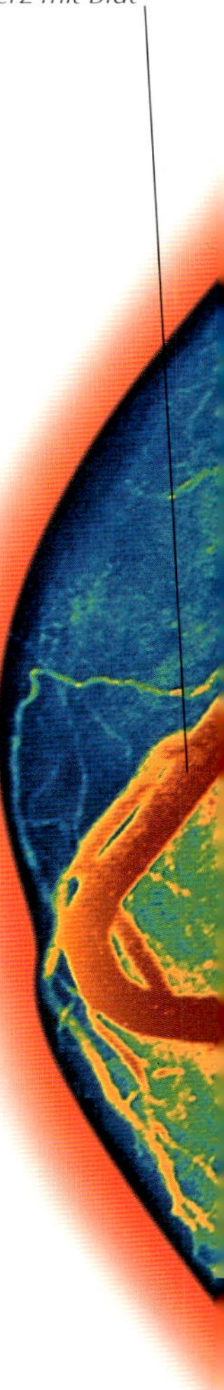

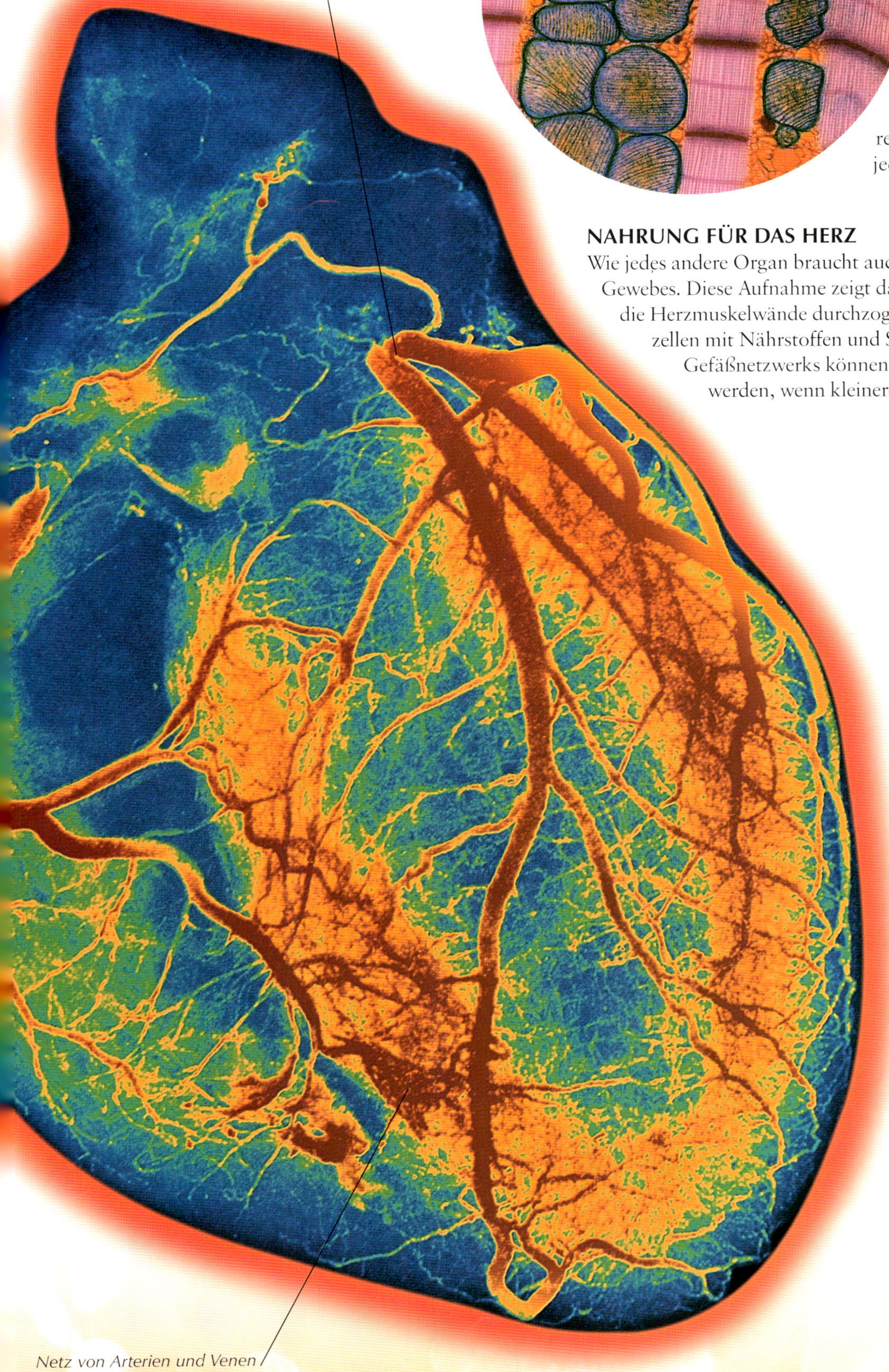

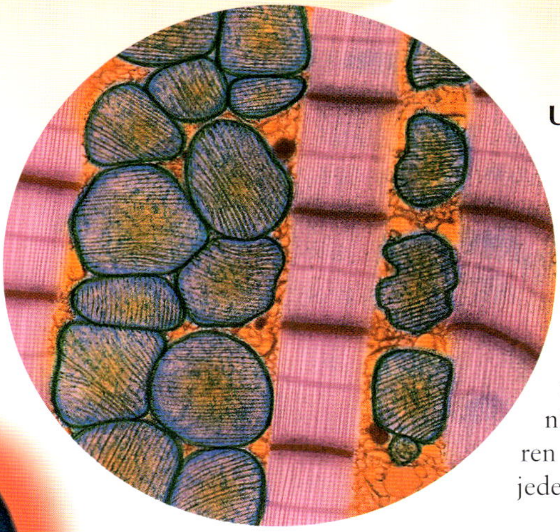

UNERMÜDLICHER MUSKEL

Die Wände des Herzens bestehen aus Herzmuskulatur – eine ganz besondere Muskelart. Der Herzmuskel arbeitet pausenlos, ohne zu ermüden. Bei diesem Blick durch das Mikroskop sieht man in das Innere einer Herzmuskelzelle. Diese Muskelzellen ziehen sich in einer sorgfältig koordinierten Abfolge zusammen und reagieren damit auf elektrische Wellen, die bei jedem Herzschlag durch das Herz gehen.

NAHRUNG FÜR DAS HERZ

Wie jedes andere Organ braucht auch das Herz Blut zur Ernährung seines Gewebes. Diese Aufnahme zeigt das Gewirr feiner Blutgefäße, von denen die Herzmuskelwände durchzogen sind. Sie versorgen die Herzmuskelzellen mit Nährstoffen und Sauerstoff. Dank dieses ausgedehnten Gefäßnetzwerks können leicht neue Verbindungswege geschaffen werden, wenn kleinere Gefäße verstopft oder geschädigt sind.

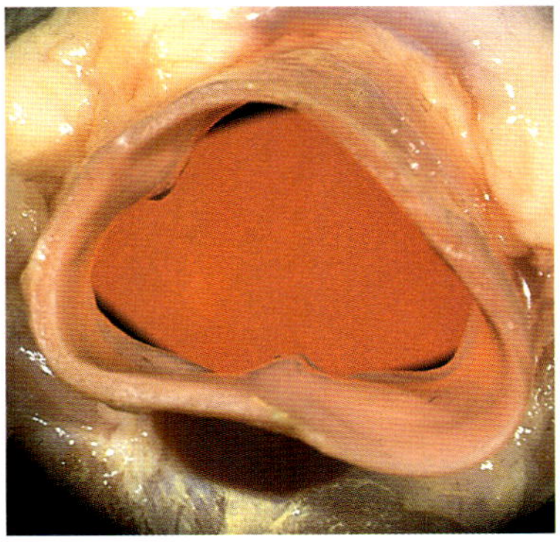

Geöffnete Herzklappe

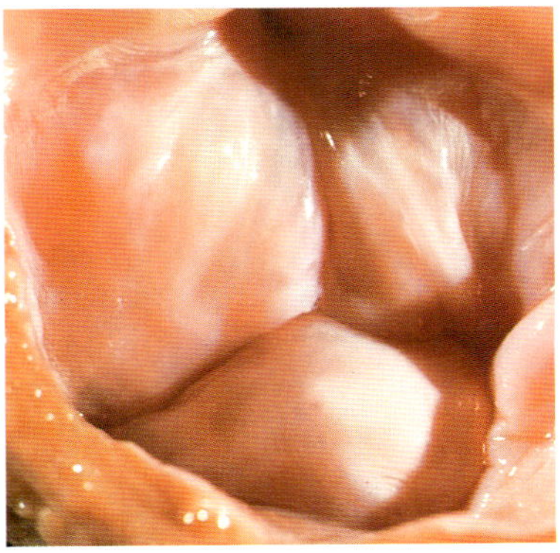

Geschlossene Herzklappe

EINBAHNSTRASSE

Das rhythmische „Bumbum" eines Herzschlags ist der Ton, der beim Schließen der Taschenklappen entsteht. Sie bestehen aus beweglichen tassenförmigen Segeln. Durch Veränderung des Blutdrucks öffnen und schließen sich diese Herzklappen.

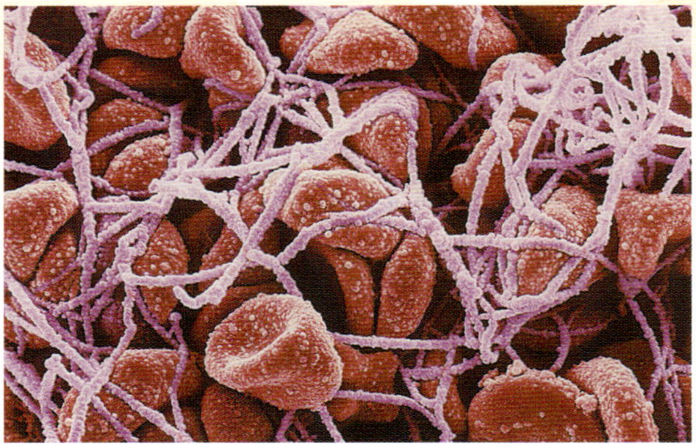

EIN LECK ABDICHTEN

Wenn du dich schneidest, reagiert dein Körper sofort. Ein kleiner Schnitt schließt sich innerhalb von wenigen Sekunden. Winzige Blutzellen, so genannte Blutplättchen, fügen sich zu Klümpchen zusammen und bilden einen festen Pfropfen, der das Loch verschließt. Gleichzeitig formt ein im Blut vorkommender Eiweißstoff ein Netz von Fasern, in dem sich die Blutzellen wie Fische verfangen.

BLUTKREISLAUF

DEIN BLUT IST EIN lebendes Transportsystem. Vom Herz angetrieben wandert es ständig durch deinen Körper, liefert Sauerstoff und alle chemischen Stoffe, die deine Zellen brauchen, befördert besondere Zellen, die gegen Krankheiten ankämpfen, und führt Abfallstoffe ab. Blut fließt durch ein großes Netzwerk hohler Röhren, die Blutgefäße, die sich über den ganzen Körper verteilen und sicherstellen, dass jede einzelne Zelle versorgt wird. Insgesamt befinden sich in deinem Körper ungefähr 100 000 km Blutgefäße. In ihnen fließt dein Blut in endlosem Kreislauf, in einer Minute ungefähr dreimal.

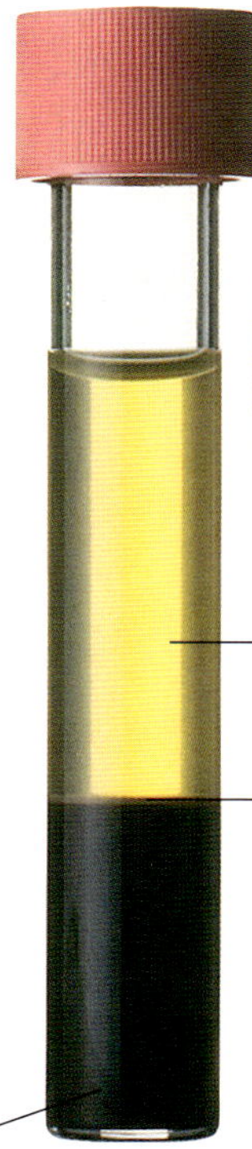

*Blut besteht zu ungefähr 56% aus **Plasma**.*

***Weiße Blutkörperchen und Blutplättchen** machen nur 2% des Bluts aus.*

*Ungefähr 42% des Blutvolumens besteht aus **roten Blutkörperchen***

BLUTPLASMA

Blut ist das einzige flüssige Organ in deinem Körper. Es besteht aus einer breiigen Mischung von Zellen und Flüssigkeit. Das Plasma, der flüssige Anteil, enthält die Proteine, die das Blut zur Gerinnung benötigt. Es transportiert auch die Nährstoffe und Hormone zu den Zellen und entsorgt die Abfallstoffe.

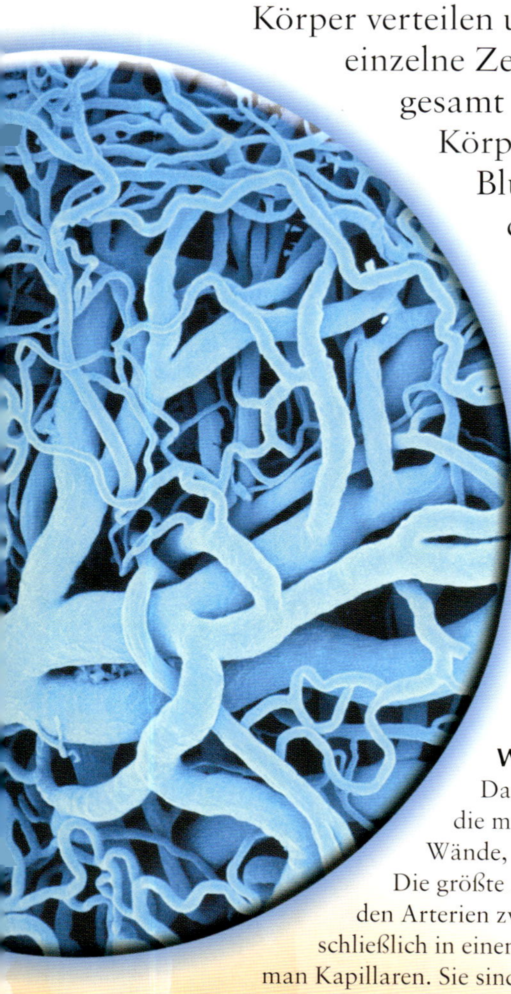

WIRRWARR

Das Blut durchströmt vom Herz aus kräftige Gefäße, die man Arterien nennt. Sie haben dicke, dehnbare Wände, damit sie dem Pumpen des Herzens standhalten. Die größte Arterie ist so dick wie ein Gartenschlauch. Von den Arterien zweigen immer kleiner werdende Gefäße ab, die schließlich in einem Wirrwarr enden. Diese kleinen Gefäße nennt man Kapillaren. Sie sind nur ein Zehntel so dick wie ein Haar.

***Weiße Blutkörperchen** wimmeln von chemischen Stoffen, die Keime anziehen.*

ROT UND WEISS

Ein einziger Bluttropfen enthält ungefähr 7 000 weiße und fünf Millionen rote Blutkörperchen. Die Funktion der roten Zellen und des Plasmas ist der Transport. Weiße Zellen haben dagegen Verteidigungsaufgaben. Die roten Zellen, die Erythrozyten, enthalten Hämoglobin, das Sauerstoff bindet. Die weißen Zellen sind die Soldaten des Körpers. Es gibt verschiedene Arten: Granulozyten und Monozyten z.B. jagen und verschlingen eindringende Keime, Lymphozythen produzieren tödliche Antikörper.

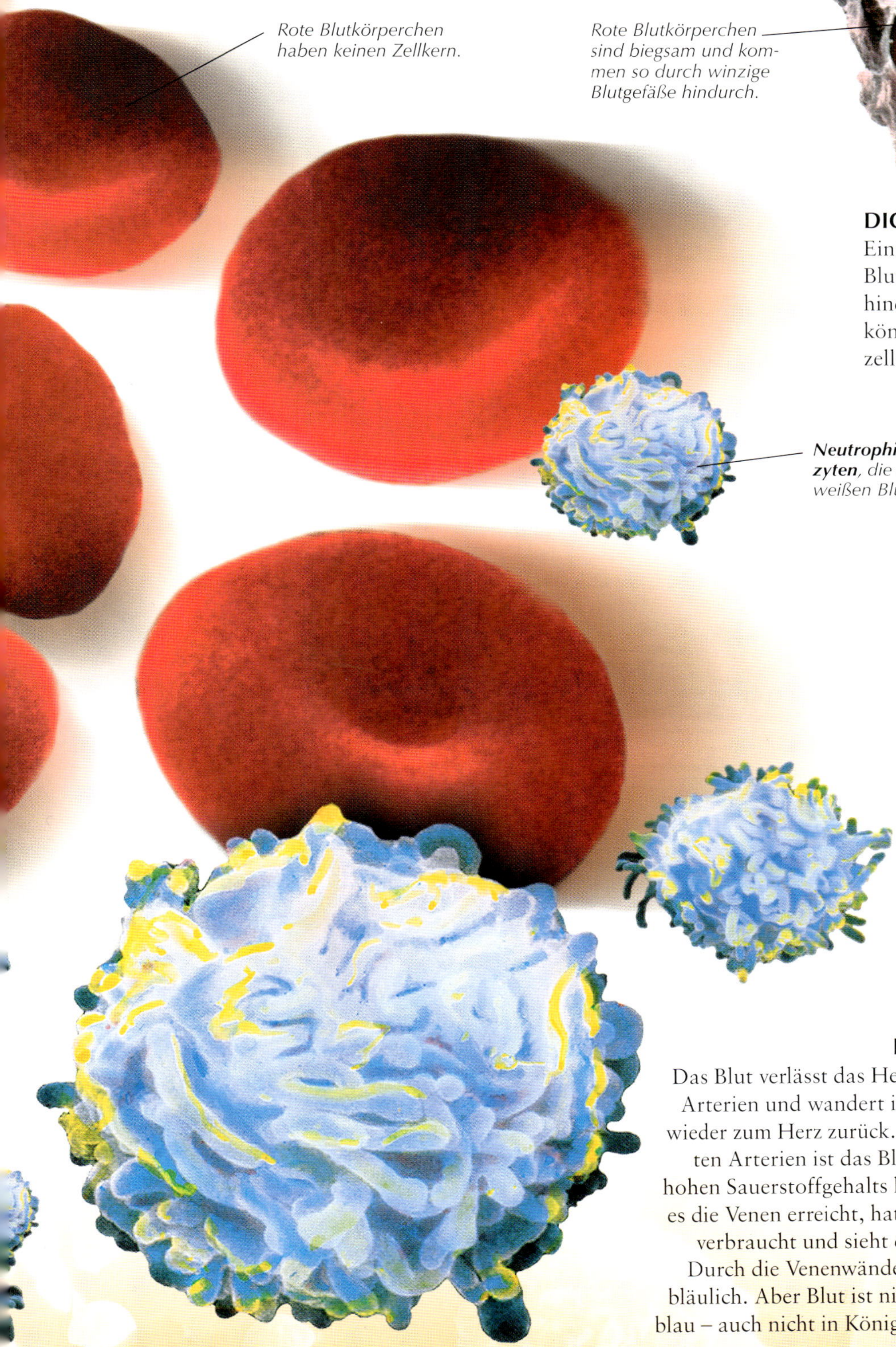

Rote Blutkörperchen haben keinen Zellkern.

***Neutrophile Granulozyten**, die häufigsten weißen Blutkörperchen*

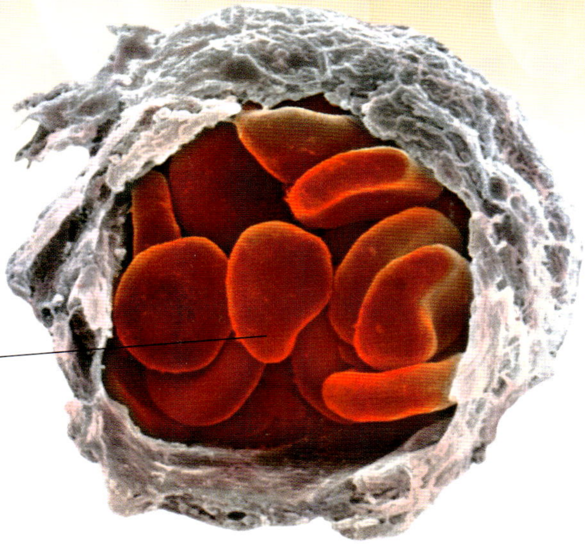

Rote Blutkörperchen sind biegsam und kommen so durch winzige Blutgefäße hindurch.

DICHT ZUSAMMENGEPRESST

Einige Kapillaren sind so eng, dass sich sogar rote Blutkörperchen zusammenquetschen müssen, um hindurchzukommen. Durch die Kapillarwände können Sauerstoff und Nährstoffe aus den Blutzellen in das umliegende Gewebe dringen.

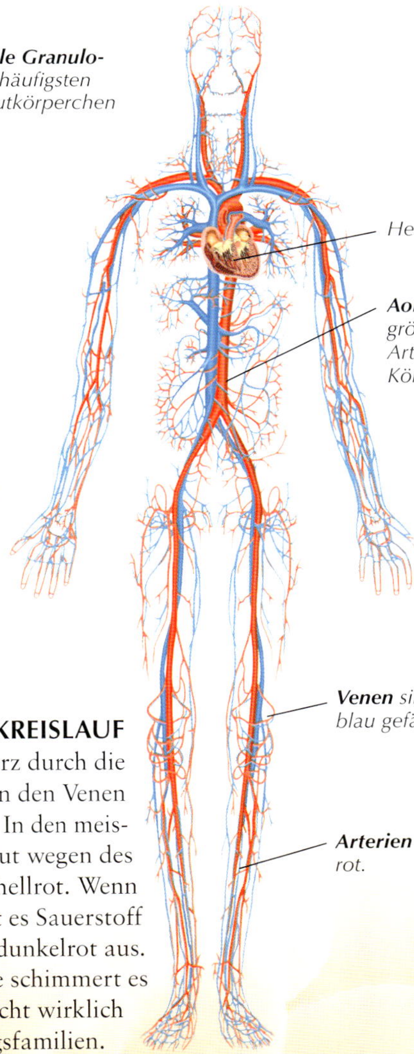

Herz

***Aorta**, die größte Arterie im Körper*

***Venen** sind blau gefärbt.*

***Arterien** sind rot.*

KREISLAUF

Das Blut verlässt das Herz durch die Arterien und wandert in den Venen wieder zum Herz zurück. In den meisten Arterien ist das Blut wegen des hohen Sauerstoffgehalts hellrot. Wenn es die Venen erreicht, hat es Sauerstoff verbraucht und sieht dunkelrot aus. Durch die Venenwände schimmert es bläulich. Aber Blut ist nicht wirklich blau – auch nicht in Königsfamilien.

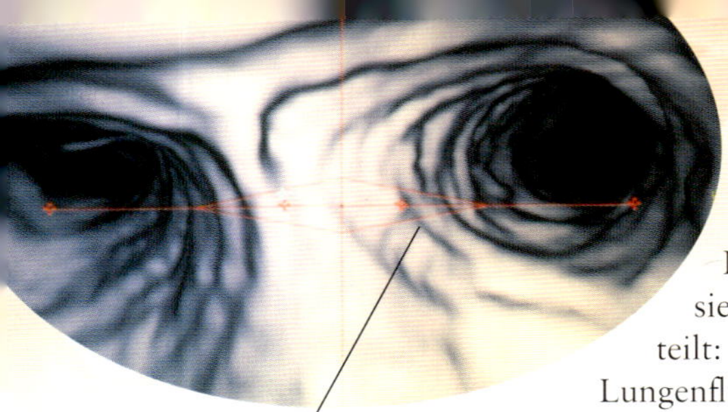

Knorpelringe *verstärken die Bronchien.*

LUFTWEG

Bei diesem Blick in die Luftröhre siehst du, wie sie sich in zwei Röhren teilt: die Bronchien, die jeweils zu einem Lungenflügel führen. Auf dem Weg in die Lunge wird die Luft erwärmt und befeuchtet. Das empfindliche Lungengewebe würde sonst austrocknen oder zu kalt werden, um richtig zu arbeiten.

Luftröhre (Trachea)

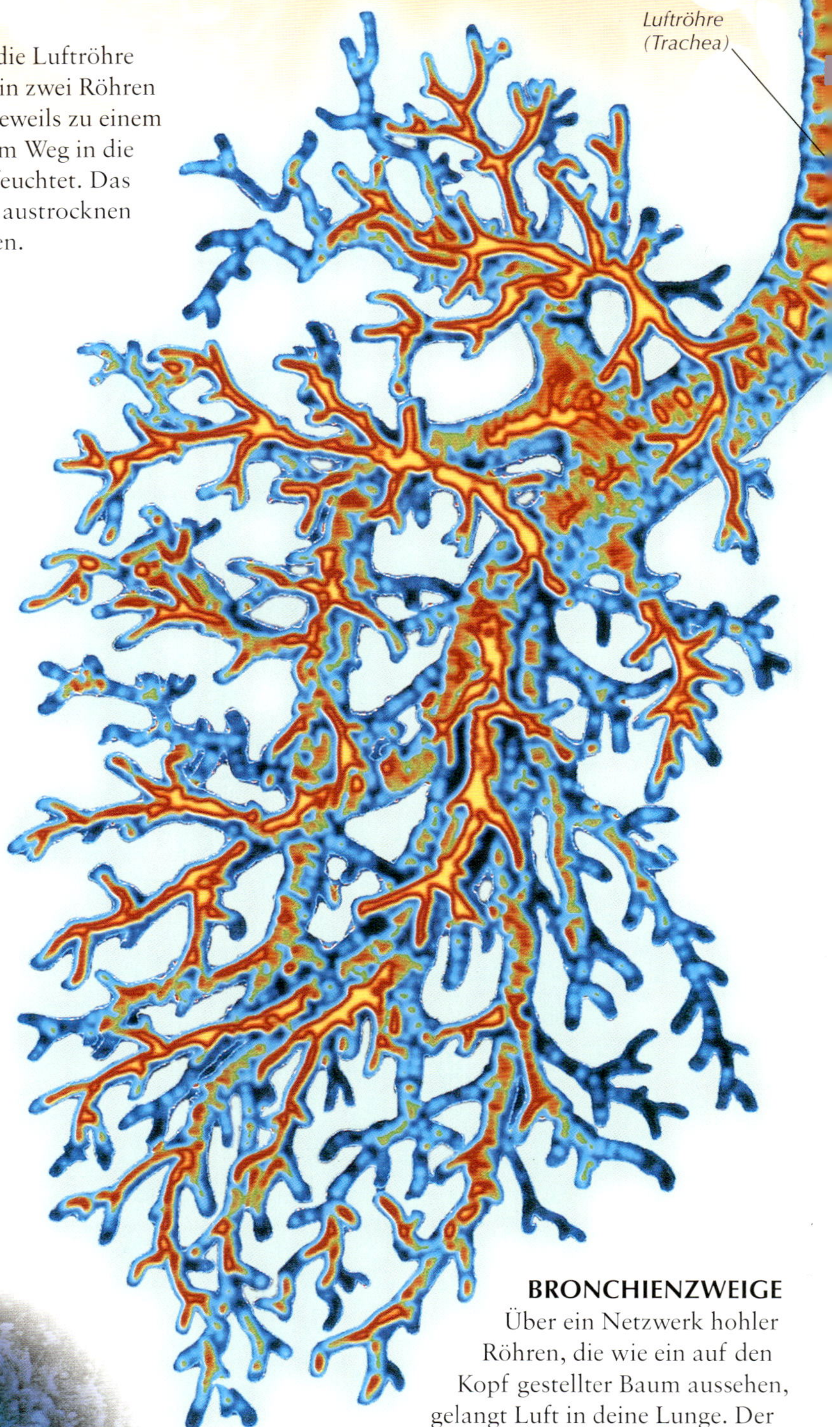

ATEMWEGE

DIE LUNGE SORGT DAFÜR, dass deinem Körper ständig der lebenswichtige Sauerstoff aus der frischen Luft zugeführt wird. Sie funktioniert wie ein Schwamm, nur saugt sie anstelle von Wasser Luft an. Wenn du einatmest, weitet sich deine Lunge und zieht die Luft in winzige Hohlräume hinein, die aussehen wie Bienenwaben. Dein Blut fließt um diese Lufttaschen herum, nimmt den Sauerstoff auf und gibt den Abfall, das Kohlendioxid, ab, das dann beim Ausatmen aus dem Körper entweicht. Das Atmen ist so wichtig, dass du es gar nicht erst üben musst. Dein Gehirn überwacht automatisch den Sauerstoff- und Kohlendioxidgehalt deines Blutes und steuert deine Atmung entsprechend.

Zellen unter den Zilien sondern Schleim ab.

BRONCHIENZWEIGE

Über ein Netzwerk hohler Röhren, die wie ein auf den Kopf gestellter Baum aussehen, gelangt Luft in deine Lunge. Der „Stamm" ist deine Luftröhre. Sie verläuft vom Hals in den Brustkorb und teilt sich dort in die „Zweige", die man Bronchien nennt. Diese münden in die Lungenflügel und teilen sich dabei in immer kleinere Zweige, die Bronchiolen und Lufttaschen (Alveolen).

SELBSTREINIGUNG

Die Wände der Lunge sondern Schleim ab, um Keime und Schmutzpartikel aus der Luft einzufangen. Winzige, haarfeine Fädchen, die Zilien, schlagen vor und zurück und befördern so den Schleim nach oben. Er fließt bis in den Rachenraum, wo er dann geschluckt wird.

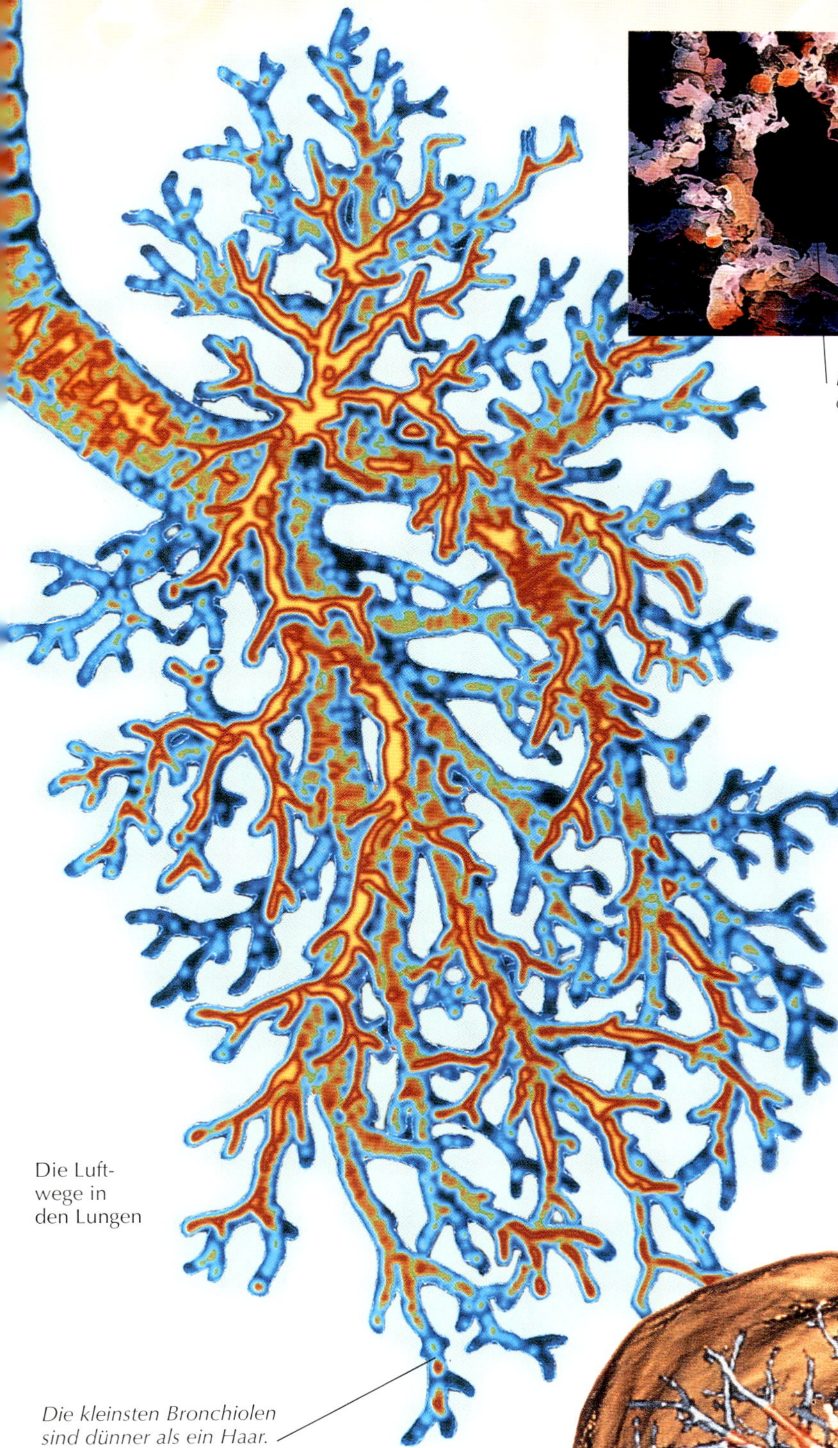

Die Luftwege in den Lungen

Die kleinsten Bronchiolen sind dünner als ein Haar.

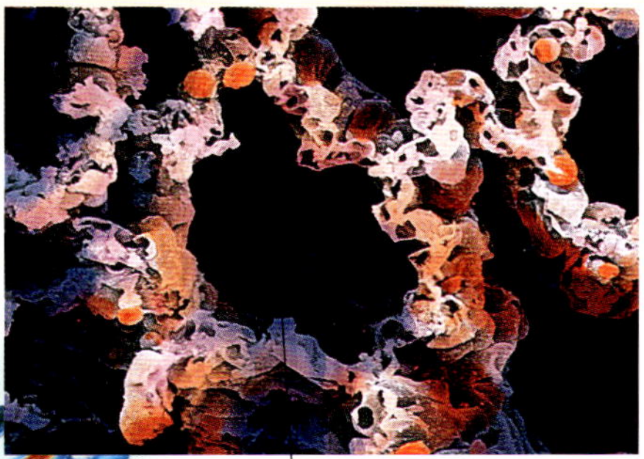

Lufträume innerhalb der Alveolen

ALVEOLEN

In deiner Lunge hast du etwa 600 Mio. dehnbare Lufttaschen, Alveolen, jede nur einen Bruchteil eines Millimeters breit. Sie bilden zusammen eine riesige Oberfläche – ungefähr so groß wie ein Tennisplatz – um einen möglichst großen Gasaustausch zu ermöglichen. Alveolen entziehen deinem Blut Kohlendioxid und versorgen es mit Sauerstoff.

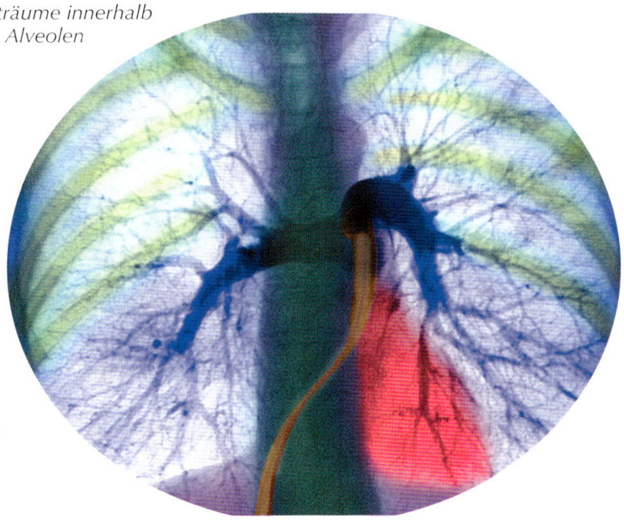

BLUT AUF SCHNELLEM WEG

Diese eingefärbte Röntgenaufnahme zeigt das dichte Netzwerk der Blutgefäße, die vom Herz (rot) zur Lunge führen. Das von der rechten Herzseite kommende Blut geht direkt in die Lunge. Nachdem es dort mit Sauerstoff angereichert worden ist, fließt es wieder zum Herz zurück. Von der linken Herzhälfte wird es dann zu allen anderen Organen geleitet.

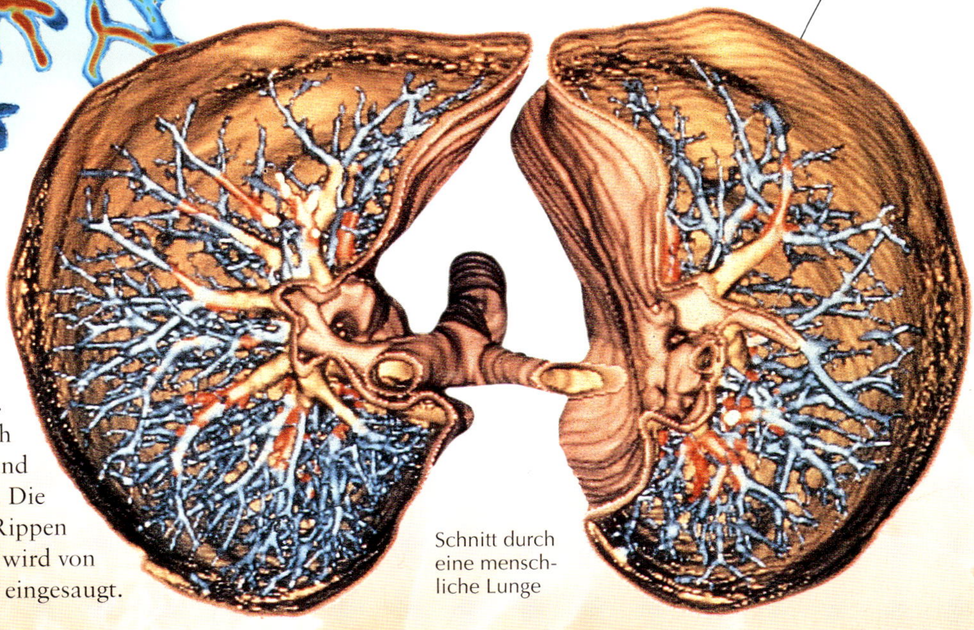

Pleura

Schnitt durch eine menschliche Lunge

SCHLÜPFRIGE OBERFLÄCHE

Die Lunge ist von einer zweischichtigen Membran, dem Brustfell (Pleura), umgeben. Zwischen den beiden Schichten befindet sich etwas Flüssigkeit, damit sie beim Ein- und Ausatmen leichter übereinander gleiten. Die äußere Schicht ist an der Innenseite der Rippen befestigt. Wenn sich deine Rippen heben, wird von den dabei geweiteten Lungen Luft eingesaugt.

In deinem Bauch

Der weiche Teil deines Körpers zwischen Brustkorb und Hüften ist der Bauch. Dort sind viele Organe, wie z.B. der Magen, geschickt angeordnet. Die meisten von diesen Organen sind weich und schlüpfrig. Durch eine raffiniert gefaltete Membran, das Bauchfell, werden sie an ihrem Platz gehalten und mit Blut versorgt. Über dem Bauchfell liegt die Bauchwand – eine bewegliche Schicht aus Muskeln und Haut. Die meisten Organe im Bauch sind dafür zuständig, Nahrung zu verdauen oder das Blut zu reinigen und die Chemie des Körpers im Gleichgewicht zu halten. Im Bauch einer Frau liegen auch ihre Fortpflanzungsorgane: Eierstöcke, die Eier produzieren, sowie die Gebärmutter, in der sich die Babys entwickeln.

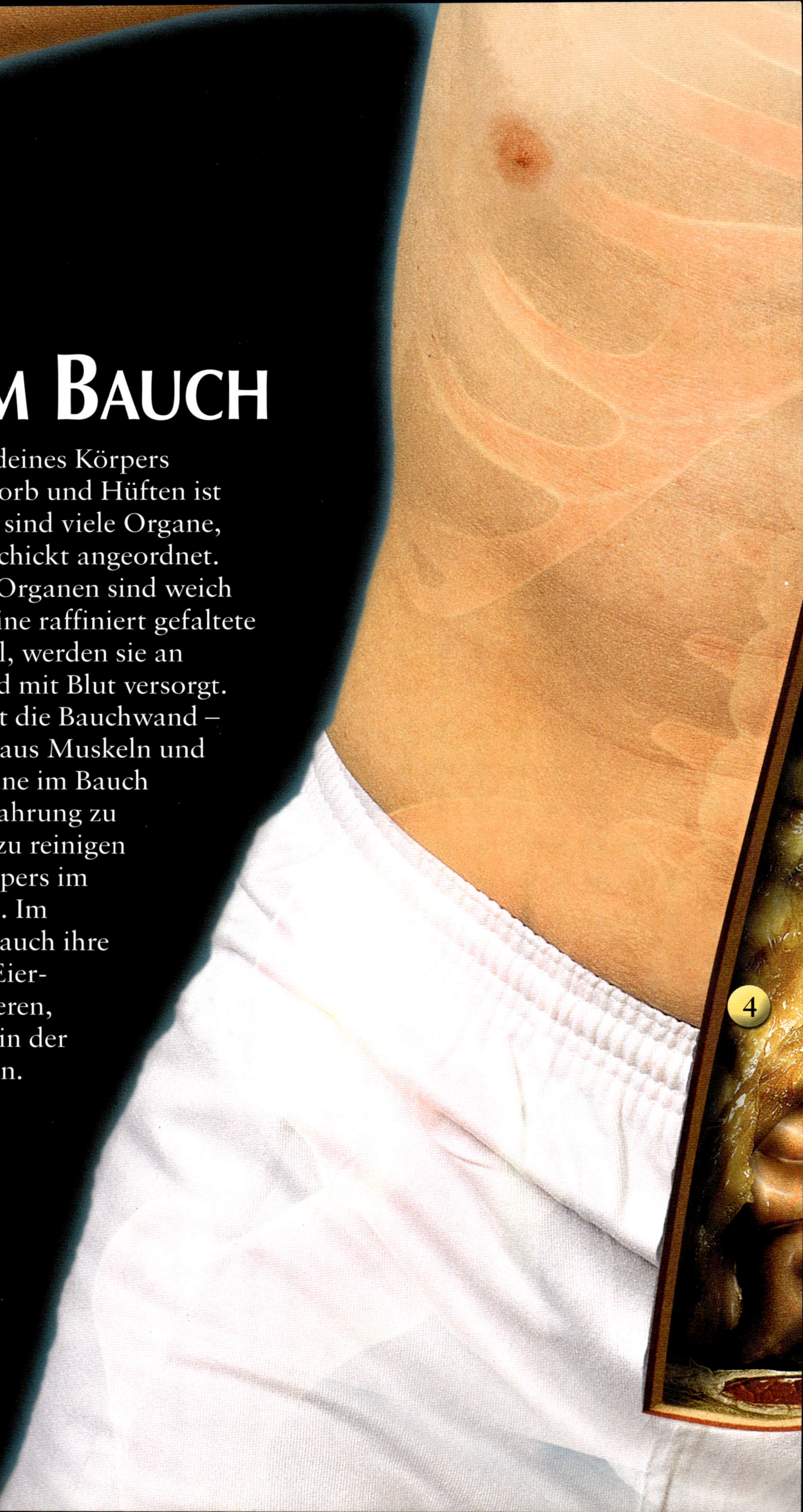

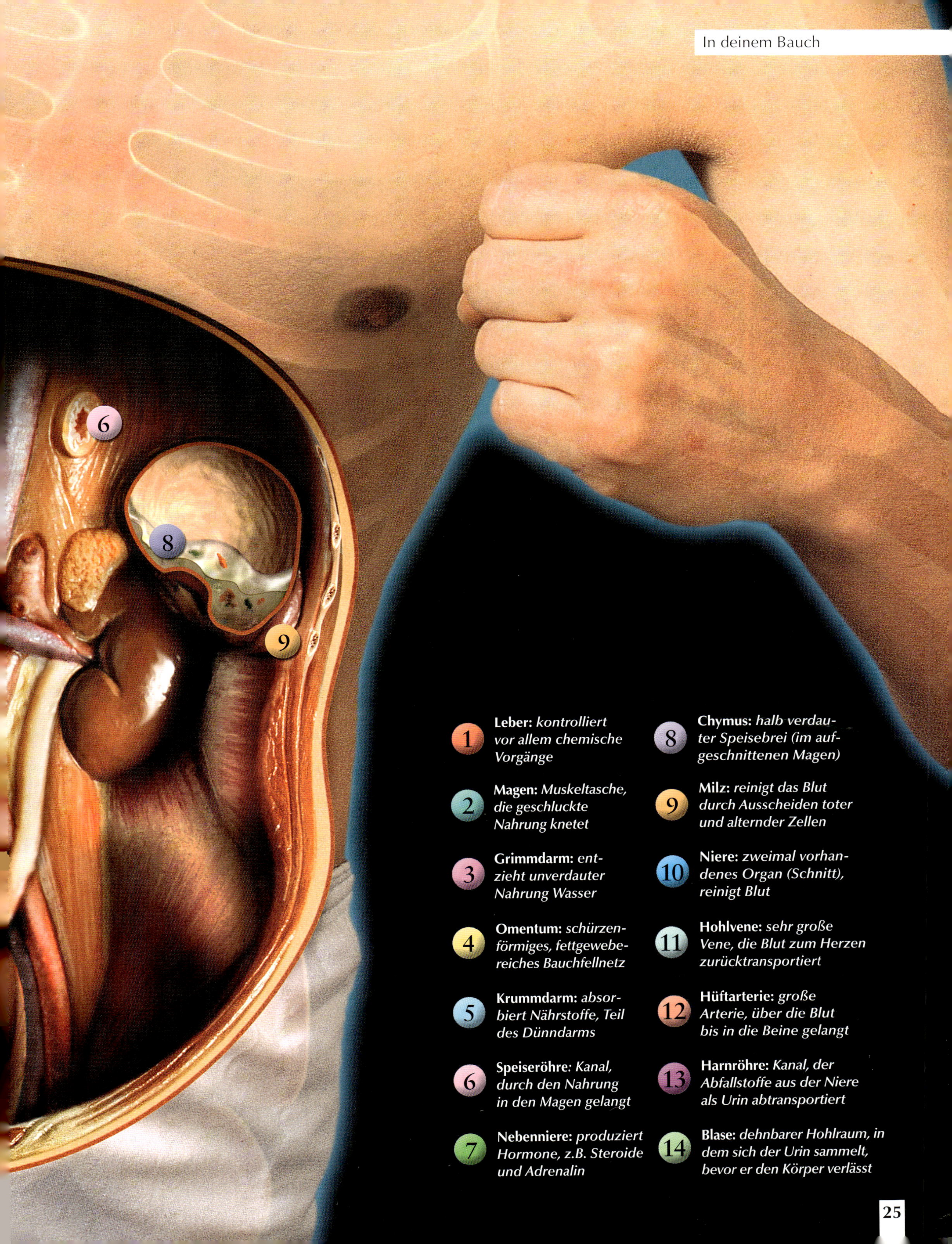

Leber: *kontrolliert vor allem chemische Vorgänge* (1)

Magen: *Muskeltasche, die geschluckte Nahrung knetet* (2)

Grimmdarm: *entzieht unverdauter Nahrung Wasser* (3)

Omentum: *schürzenförmiges, fettgewebereiches Bauchfellnetz* (4)

Krummdarm: *absorbiert Nährstoffe, Teil des Dünndarms* (5)

Speiseröhre: *Kanal, durch den Nahrung in den Magen gelangt* (6)

Nebenniere: *produziert Hormone, z.B. Steroide und Adrenalin* (7)

Chymus: *halb verdauter Speisebrei (im aufgeschnittenen Magen)* (8)

Milz: *reinigt das Blut durch Ausscheiden toter und alternder Zellen* (9)

Niere: *zweimal vorhandenes Organ (Schnitt), reinigt Blut* (10)

Hohlvene: *sehr große Vene, die Blut zum Herzen zurücktransportiert* (11)

Hüftarterie: *große Arterie, über die Blut bis in die Beine gelangt* (12)

Harnröhre: *Kanal, der Abfallstoffe aus der Niere als Urin abtransportiert* (13)

Blase: *dehnbarer Hohlraum, in dem sich der Urin sammelt, bevor er den Körper verlässt* (14)

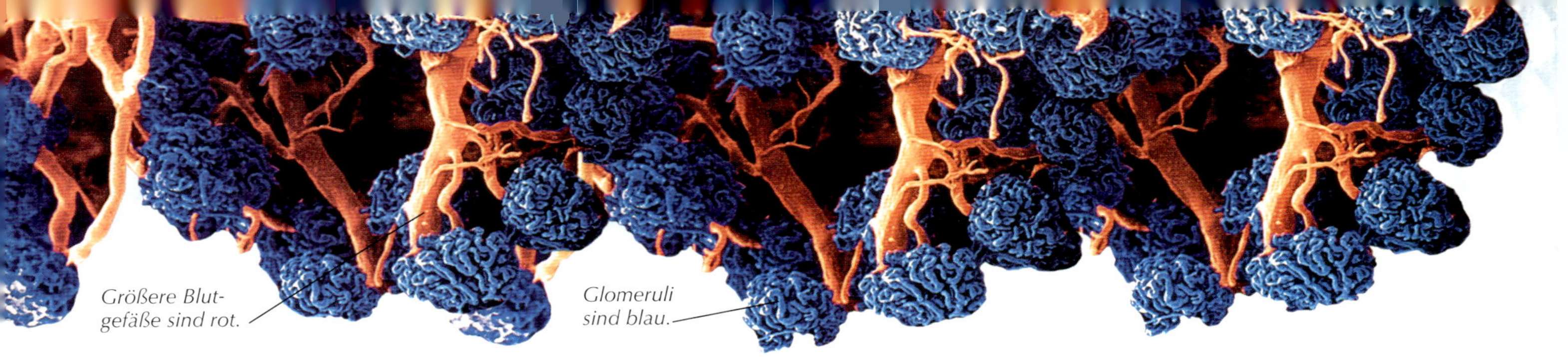

KÖRPERCHEMIE

TAUSENDE CHEMISCHER REAKTIONEN finden ständig in jeder Zelle deines Körpers statt. Durch diese Vorgänge, die laufend kontrolliert und gesteuert werden müssen, wirst du am Leben gehalten. An diesem Balance-Akt sind mehrere spezialisierte Organe beteiligt. Deine Leber arbeitet wie eine Chemiefabrik, verarbeitet und speichert brauchbare Stoffe und stößt schädliche ab. Deine Nieren kontrollieren die Wassermenge im Körper und scheiden chemische Abfallstoffe aus. Andere Organe, wie die Nebennieren, produzieren Hormone. Diese chemischen Botenstoffe wandern im Blut, um bestimmte Zellen und Gewebe zu erreichen, wo sie eine spezielle Reaktion auslösen.

WINZIGE FILTER

Jede der unzählbaren Filtereinheiten deiner Niere ist mit einem Glomerulus (Knäuel aus Blutgefäßen) ausgestattet. Er wirkt als mikroskopischer Filter. Über ihn gibt das hindurchfließende Blut kleine Moleküle und Wasser in eine Röhre ab. Sie saugt nützliche Chemikalien auf, der Rest geht in die Blase.

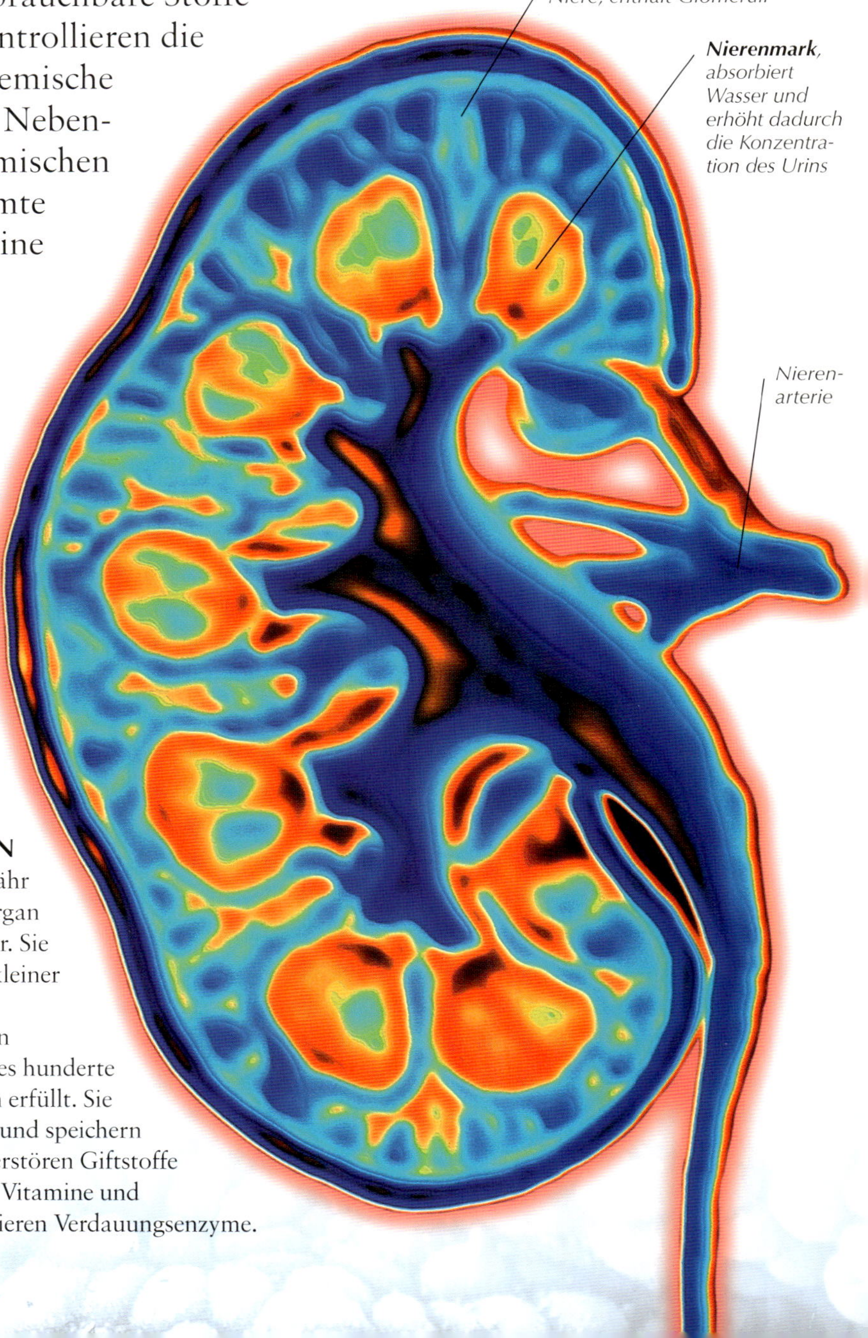

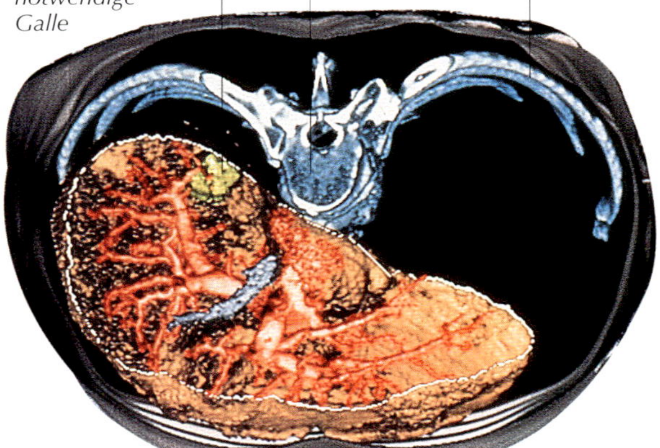

Schnitt durch die Bauchhöhle, Blick auf die Leber

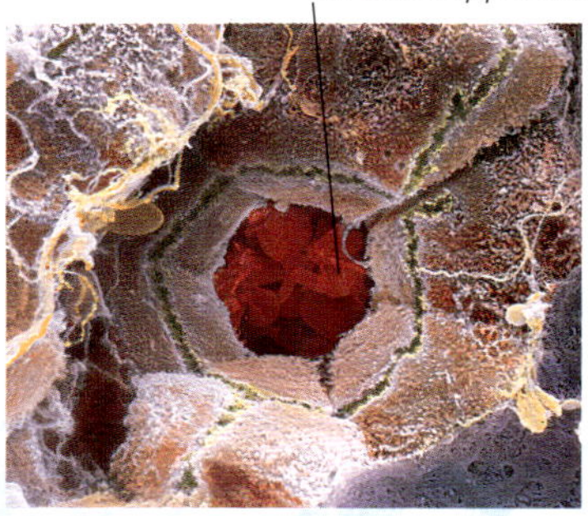

Blutkörperchen *strömen durch ein Leberläppchen.*

VIELSEITIGES ORGAN

Die Leber ist mit ungefähr 1,5 kg das schwerste Organ im menschlichen Körper. Sie besteht aus tausenden kleiner Sechseck-Einheiten, so genannte Leberläppchen (Lobuli), von denen jedes hunderte verschiedener Aufgaben erfüllt. Sie zerlegen alte Blutzellen und speichern das enthaltene Eisen, zerstören Giftstoffe wie Alkohol, speichern Vitamine und Mineralien und produzieren Verdauungsenzyme.

ERREGUNGS-HORMON

Wenn du Angst hast oder aufgeregt bist, ist das Hormon Adrenalin in deinem Körper aktiv. Es wird von zwei kleinen Drüsen an den Nieren produziert. Zusammen mit der verwandten Substanz Noradrenalin hat es große Wirkung auf den Körper. Es beschleunigt z.B. Herzschlag und Atmung und erhöht die Blutzufuhr zu deinen Muskeln. Dadurch wird dein Körper alarmiert und in Einsatzbereitschaft versetzt. Gefährliche Sportarten wie Drachenfliegen werden durch diese Substanzen noch aufregender.

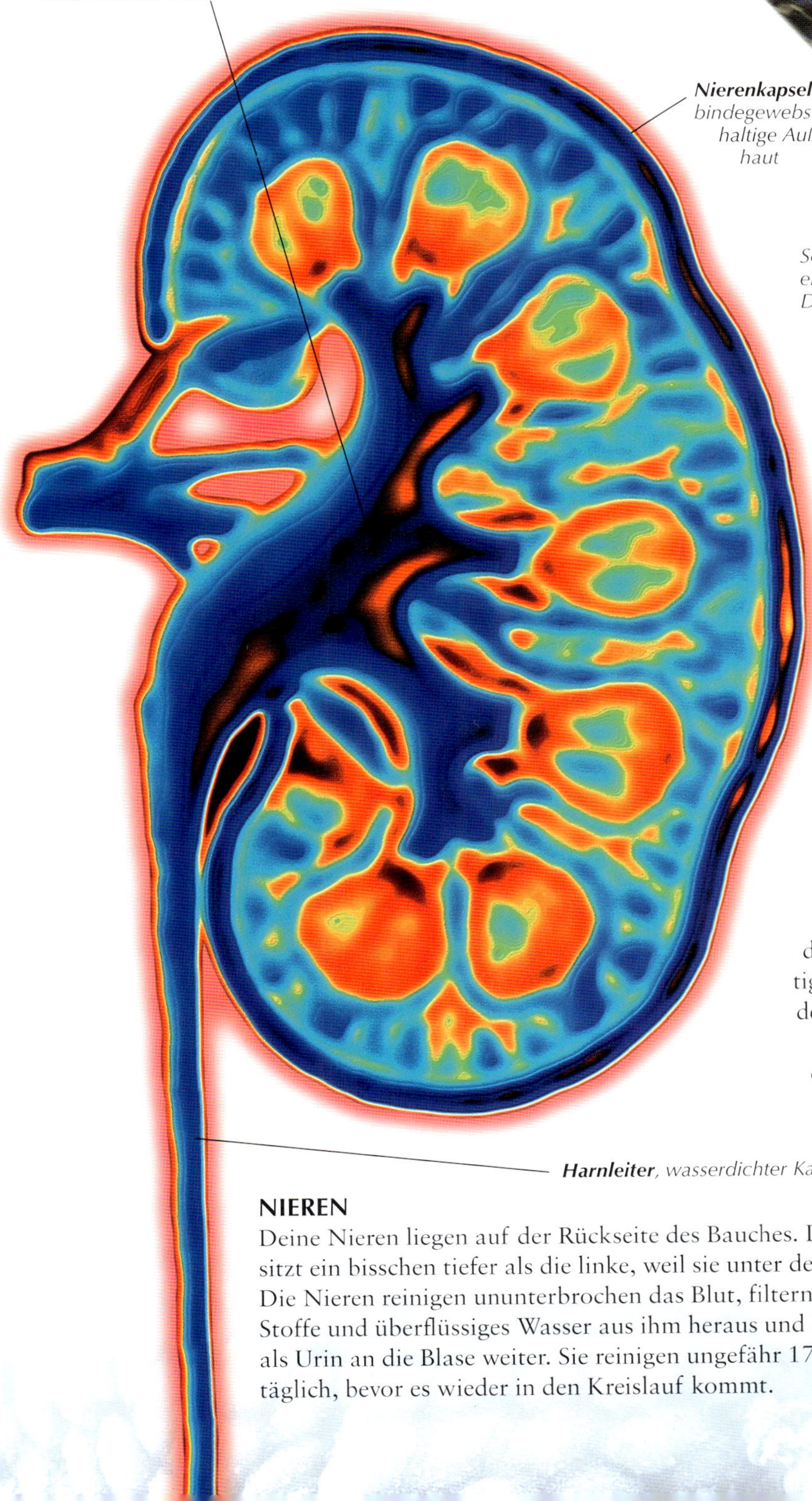

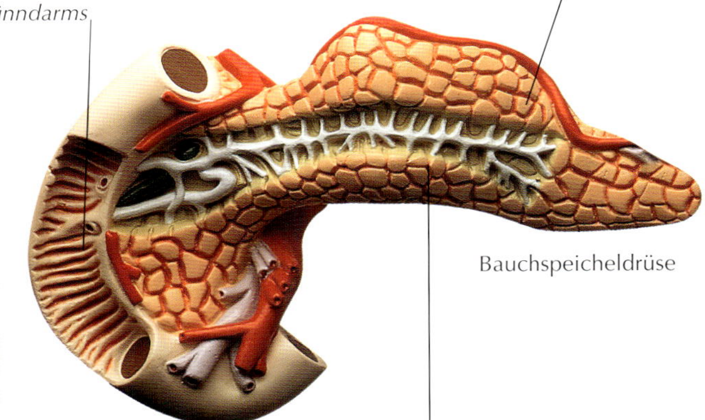

Bauchspeicheldrüse

BLUTZUCKERSPIEGEL

Hinter dem Magen liegt ein längliches Organ, die Bauchspeicheldrüse (Pankreas). Sie hat zwei Hauptaufgaben: Sie sondert Verdauungsenzyme in deine Eingeweide ab und produziert die Hormone Insulin und Glucagon, die für die Kontrolle des Blutzuckerspiegels wichtig sind. Zucker ist einer der wichtigsten Stoffe im Körper – er ist der Treibstoff für die Zellen.

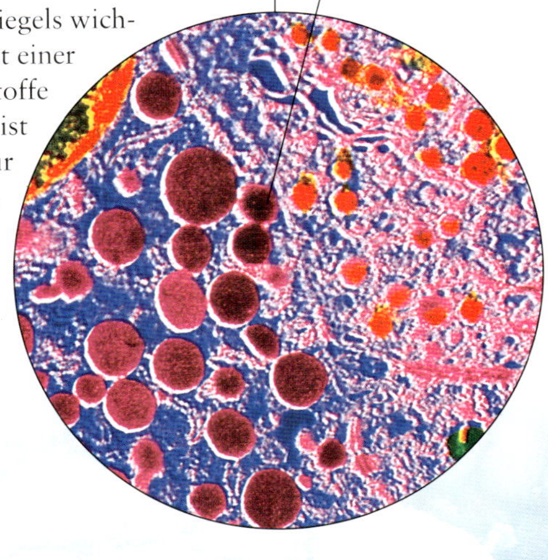

Insulinkörnchen *in einer Zelle der Bauchspeicheldrüse*

NIEREN

Deine Nieren liegen auf der Rückseite des Bauches. Die rechte sitzt ein bisschen tiefer als die linke, weil sie unter der Leber liegt. Die Nieren reinigen ununterbrochen das Blut, filtern schädliche Stoffe und überflüssiges Wasser aus ihm heraus und leiten alles als Urin an die Blase weiter. Sie reinigen ungefähr 1700 Liter Blut täglich, bevor es wieder in den Kreislauf kommt.

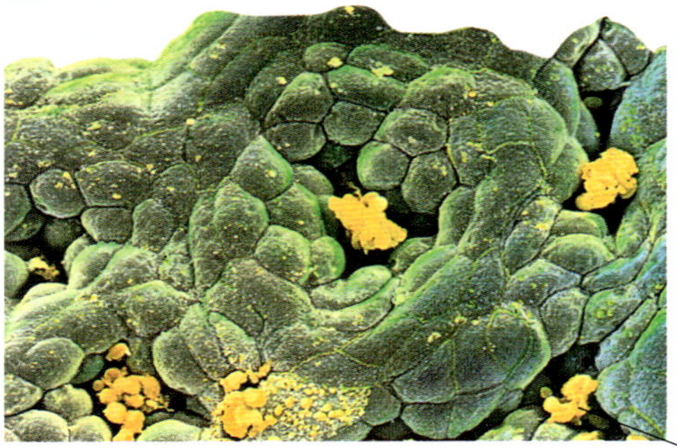

SÄUREBAD

Sobald du Nahrungsmittel siehst oder riechst, beginnen kleine Drüsen in deiner Magenwand, wie die hier abgebildeten, eine Flüssigkeit abzusondern, die man Magensaft nennt. Im Magensaft ist das Enzym Pepsin enthalten, das Eiweiß in Nahrungsmitteln wie Fleisch, Ei und Fisch verdaut. Außerdem enthält der Magensaft auch eine scharfe Säure, die das Pepsin aktiviert und Bakterien abtötet. Dein Magen produziert täglich bis zu drei Liter Magensäure.

Speisereste im Magen

VERDAUUNG

UNTER VERDAUUNG VERSTEHT MAN die Umwandlung der Nahrung, die du isst, in chemische Stoffe, die dein Körper aufnehmen kann. Eine Mahlzeit braucht 18 bis 30 Stunden, um durch den Verdauungstrakt zu wandern. Während dieser Zeit setzt dein Körper eine Kombination aus mechanischen und chemischen „Waffen“ ein, um die Nahrung in ihre chemischen Bestandteile aufzulösen. Im Magen wird sie durch Muskelkontraktion durchmischt und dann an den glatten Darmwänden entlang vorangetrieben. Dabei wird sie von starken Enzymen und Säuren chemisch angegriffen. Allmählich wird die Nahrung immer kleinteiliger, bis sie schließlich vom Blut aufgenommen werden kann. Abfallstoffe – vor allem Pflanzenfasern und harmlose Bakterien – wandern in den Dickdarm und verlassen dann den Körper.

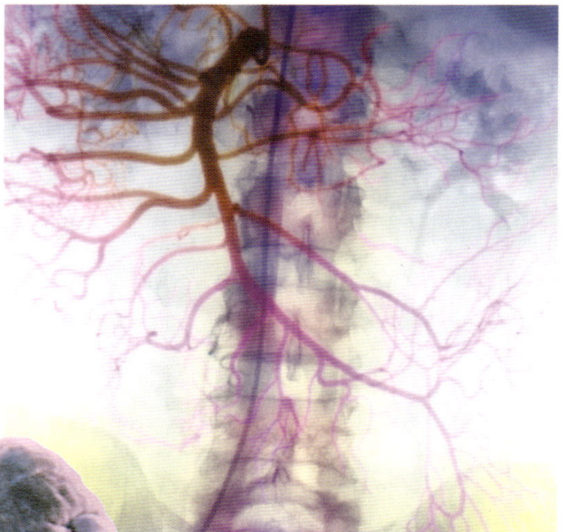

BLUTVERSORGUNG

Das Verdauungssystem erhält reichliche Blutzufuhr aus den beiden Mesentarialarterien. Auf diesem Röntgenbild siehst du, wie das Blut durch die obere dieser beiden Arterien fließt. Nach einer Mahlzeit wird besonders viel Blut durch diese Arterien geschickt, um das plötzliche Nährstoffangebot aufzunehmen.

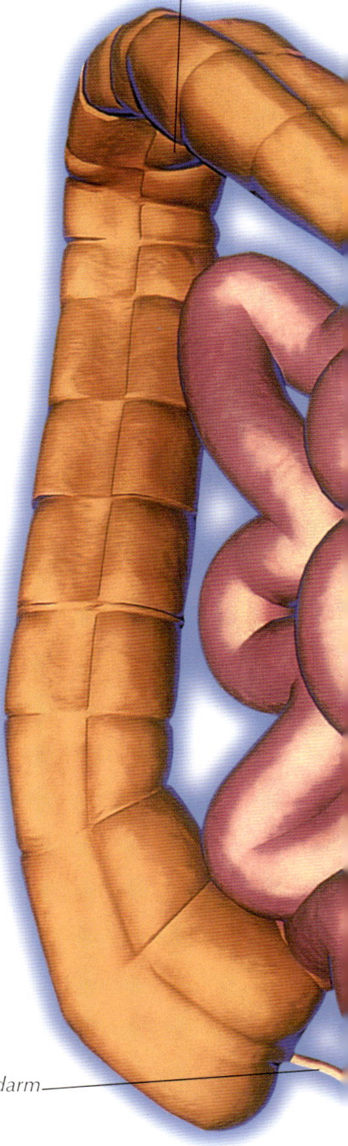

*Der **Dickdarm** verläuft wie drei Seiten eines Quadrats am Bauchrand entlang.*

Blinddarm

DARMZOTTEN

Die Oberfläche des Dünndarms wird von Millionen kleiner fingerähnlicher Falten, den so genannten Zotten, gebildet. Sie sind wiederum mit Kleinzotten bedeckt. So wird die Oberfläche des Darms möglichst groß, durch die Nahrungsmoleküle ins Blut gezogen werden.

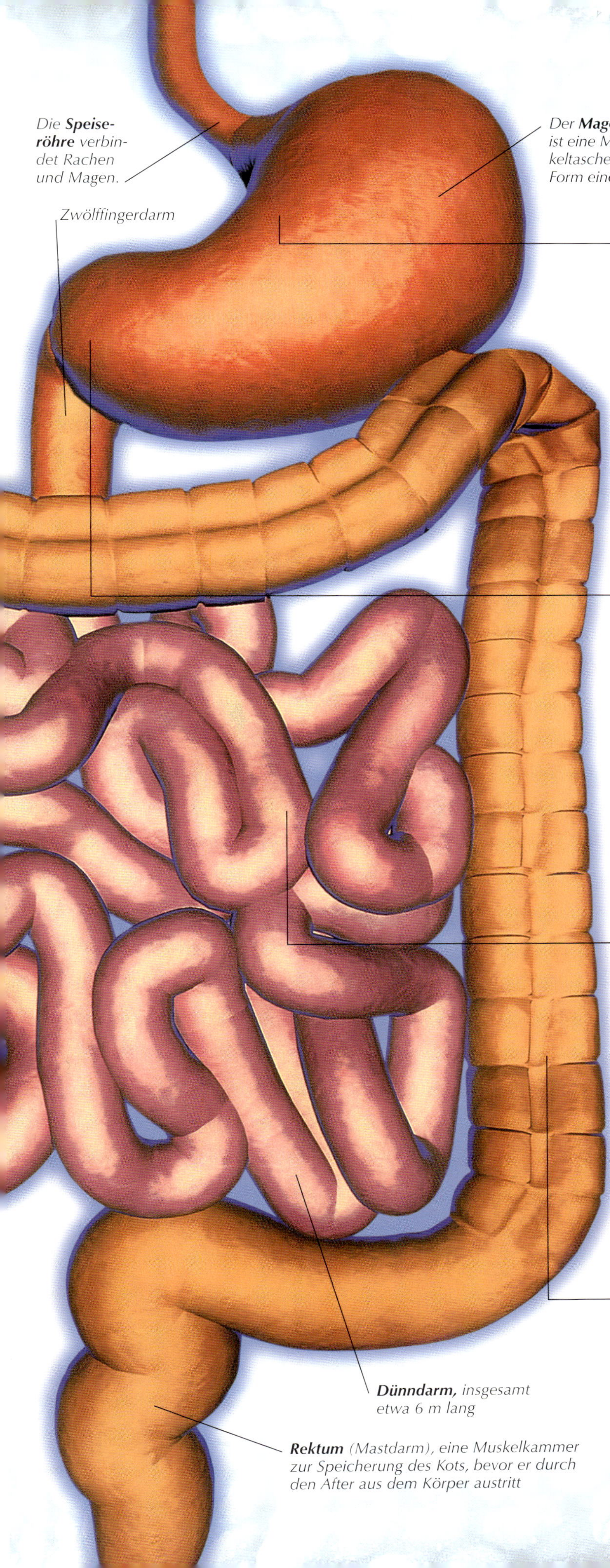

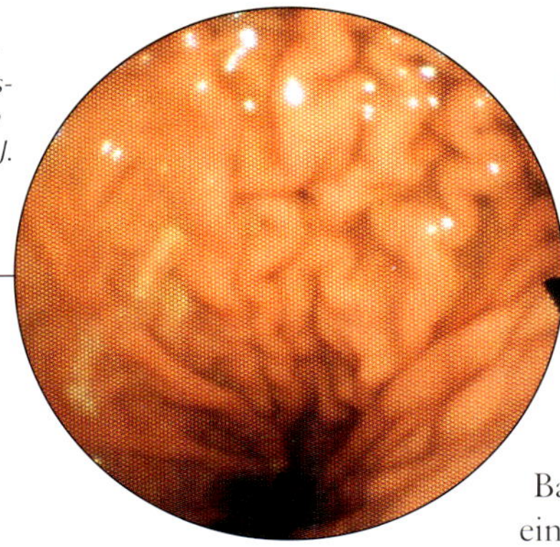

Die Mageninnenseite ist aus großen Falten gebildet.

DER MAGEN

Dein Magen funktioniert wie ein Küchenmixer: Er knetet die Speise, bis aus der klumpigen Mischung ein Brei entstanden ist, der Chymus. Dank großer Falten kann sich der Magen wie ein Ballon vergrößern und sogar ein Fünf-Gänge-Menü aufnehmen.

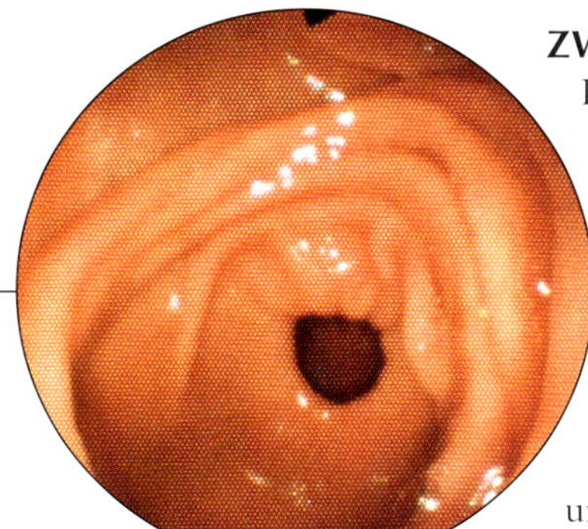

Pförtner, der Übergang vom Magen in den Zwölffingerdarm

ZWÖLFFINGERDARM

Das Ventil am Boden des Magens, der Pförtner (Pylorus), öffnet sich, damit der Speisebrei in den ersten Teil des Dünndarms, den Zwölffingerdarm, gelangen kann. Hier vermischt er sich mit starken Verdauungsenzymen aus Leber und Bauchspeicheldrüse.

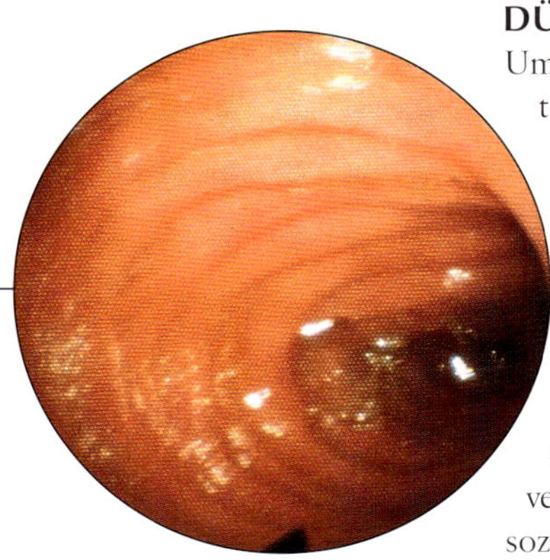

Querliegende Falten im Dünndarm

DÜNNDARM

Um den Speisebrei voranzutreiben, zieht sich die Dünndarmwand wellenförmig zusammen (Peristaltik genannt). Die Innenseite des Darms ist mit Schleim bedeckt, damit die Nahrung besser gleitet und das Verdauungssystem sich nicht selbst verdaut – du würdest sonst sozusagen von innen her aufgegessen werden!

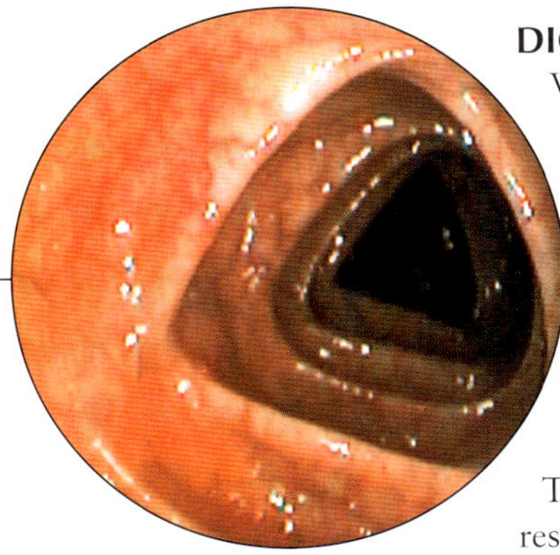

Innenansicht der Muskelabschnitte des Dickdarms

DICKDARM

Wegen seiner Muskelabschnitte sieht der Dickdarm wie ein Akkordeon aus. Sie ziehen sich zusammen, um die Nahrung voranzutreiben. Wie ein Schwamm holt der Grimmdarm, der längste Teil des Dickdarms, das restliche Wasser aus dem Speisebrei.

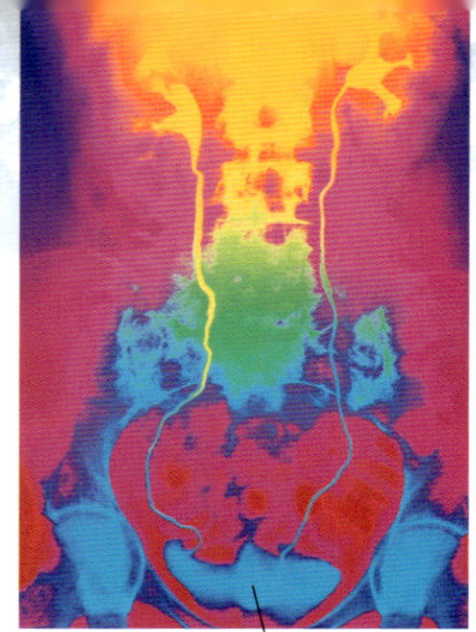

Farbstoffhaltiger Urin in der Blase

HARNSTEINE

Im Bereich des Beckenbodens liegt die Blase – eine wasserdichte Muskeltasche, in der sich Urin sammelt. Die Röntgenaufnahme zeigt die mit Urin gefüllte Blase. Wenn sich die Blase dehnt, senden Rezeptorzellen an ihren Wänden Signale ans Gehirn. Sie sagen dir, dass du auf die Toilette musst.

DAS BECKEN

DIE KNOCHEN, DIE DU SEITLICH an deinen Hüften fühlen kannst, gehören zum Becken – einem langen, trichterförmigen Behälter aus Knochen, der die weichen Organe des Unterbauchs stützt. In dieser „Schüssel" liegen die Eingeweide, Blase und Rektum – bei der Frau außerdem die Fortpflanzungsorgane. Während der Schwangerschaft dient das Becken als Krippe, in der das wachsende Baby geschützt liegt. Für Wirbelsäule und Beine hat es die Funktion einer Verbindungsbrücke. Es hilft, dein Gewicht gleichmäßig zu verteilen. Ohne Becken würdest du in dich zusammensinken und könntest weder stehen noch gehen.

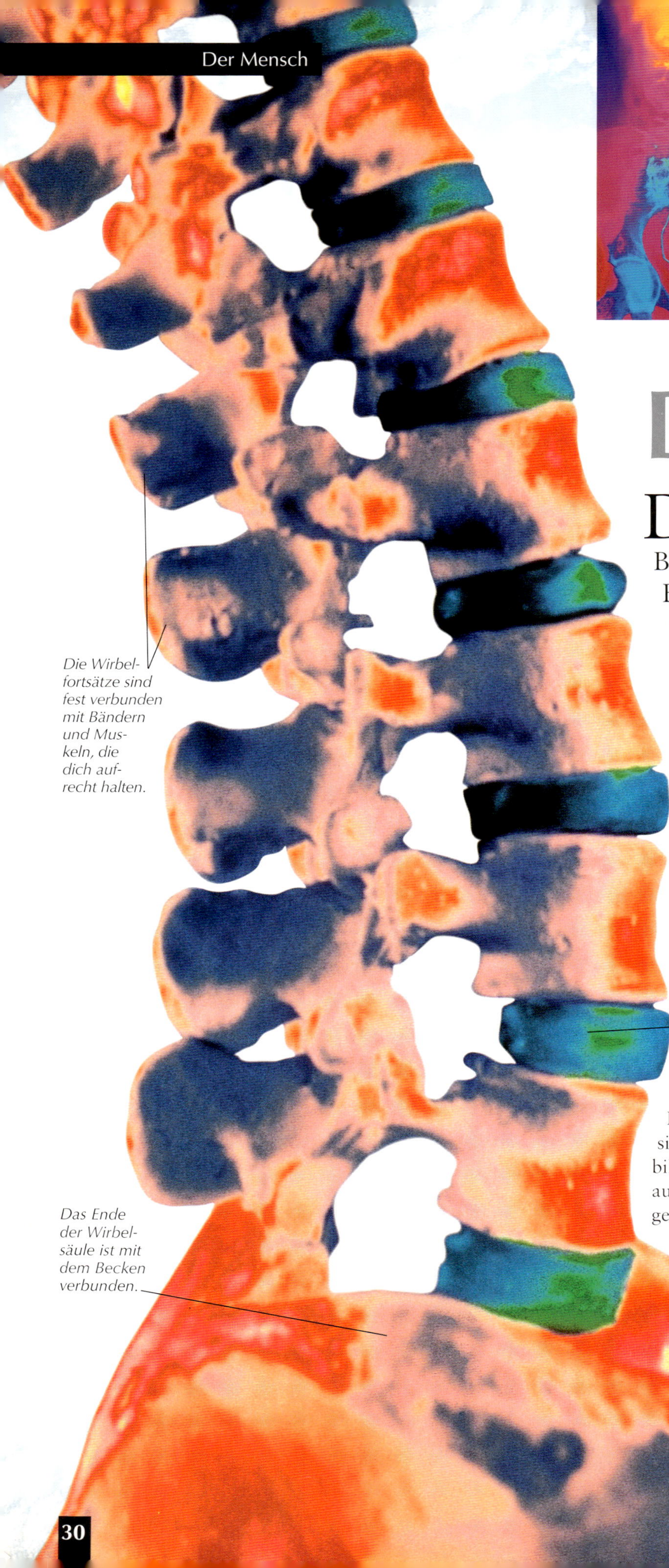

Die Wirbelfortsätze sind fest verbunden mit Bändern und Muskeln, die dich aufrecht halten.

Durch stoßdämpfende Bandscheiben wird die Wirbelsäule beweglich.

Das Ende der Wirbelsäule ist mit dem Becken verbunden.

LENDENWIRBELSÄULE

Die einzelnen Knochen des Rückgrats – die Wirbel – sind über dem Becken übereinander gesteckt und bilden eine kräftige Knochensäule, die den Körper aufrecht hält. Die Wirbelsäule endet in den zusammengewachsenen Wirbeln des Steißbeins, das in den hinteren Teil des Beckens hineinragt. Die fünf Lendenwirbel tragen den größten Teil der Last des Oberkörpers und helfen dem Unterkörper, Belastung auszuhalten.

STÜTZE WÄHREND DER SCHWANGERSCHAFT

Normalerweise ist die Gebärmutter einer Frau faustgroß. Während der Schwangerschaft dehnt sie sich jedoch enorm aus, wie man auf diesem Röntgenbild von Zwillingen 10 Wochen vor der Geburt sehen kann. Das Becken dient für dieses zusätzliche Gewicht als Stütze. Bei der Geburt müssen die Babys durch das Becken hindurch. Bei einer Frau ist es deshalb breiter als beim Mann.

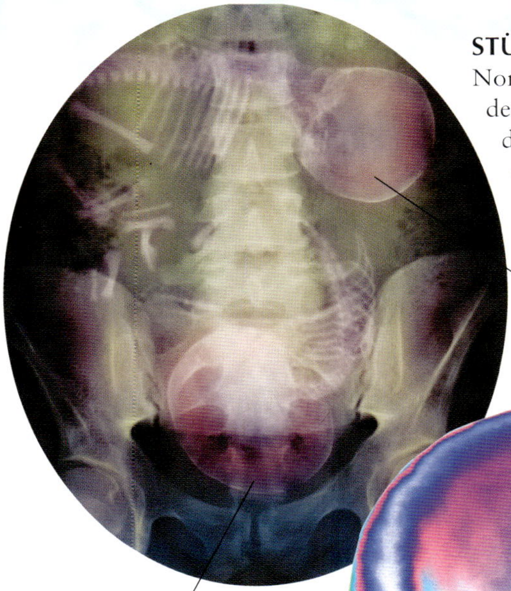

Der obere Zwilling liegt waagerecht.

Kopf des unteren Zwillings, in der Nähe des Beckenbodens

KNOCHENBECKEN

Dein Becken besteht aus sechs verschiedenen Knochen, die während deines Wachstums zusammenwachsen. Das Ende der Wirbelsäule sitzt zwischen den zwei großen flachen Knochen, die du spüren kannst, den Hüftbeinen. Die Beinmuskeln und die des Unterkörpers sind fest mit ihnen verbunden. Unten vorne befindet sich auf jeder Seite das Schambein und dahinter das Sitzbein, auf dem du sitzt.

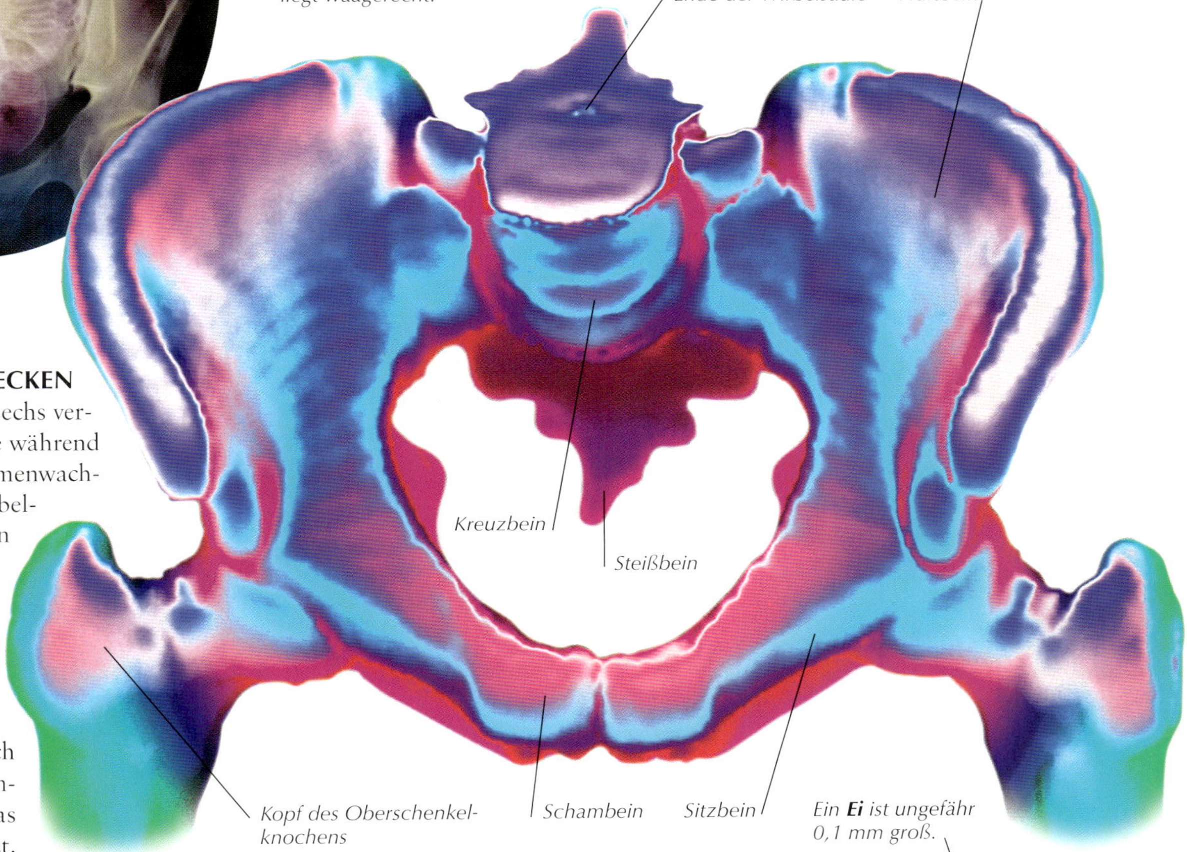

Ende der Wirbelsäule

Hüftbein

Kreuzbein

Steißbein

Kopf des Oberschenkelknochens

Schambein

Sitzbein

WEIBLICHE GESCHLECHTSZELLE

Im Becken einer Frau liegen Gebärmutter, Eierstöcke und Eileiter – die Fortpflanzungsorgane. Ungefähr alle vier Wochen stößt einer der Eierstöcke ein Ei ab (die weibliche Geschlechtszelle), das den Eileiter hinunter in die Gebärmutter wandert. Trifft es auf ein Spermium, verbinden sich beide zu einem Embryo, der sich in der Gebärmutter zu einem Baby entwickelt.

*Ein **Ei** ist ungefähr 0,1 mm groß.*

MÄNNLICHE GESCHLECHTSZELLEN

Die im männlichen Körper produzierten Geschlechtszellen werden Spermien genannt. Unter einem Mikroskop sehen sie aus wie Kaulquappen mit zappelnden Schwänzchen. Die Spermien werden in den Hoden produziert, die außerhalb der Bauchhöhle im Hodensack liegen, weil Sperma nur bei niedriger Temperatur gedeiht.

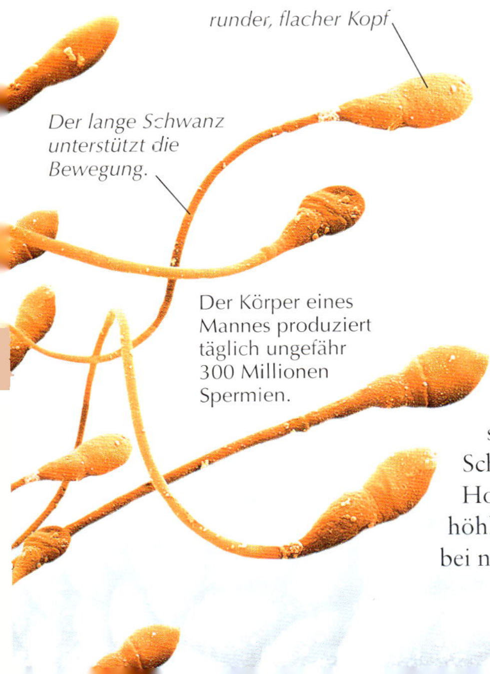

runder, flacher Kopf

Der lange Schwanz unterstützt die Bewegung.

Der Körper eines Mannes produziert täglich ungefähr 300 Millionen Spermien.

In deinen Beinen

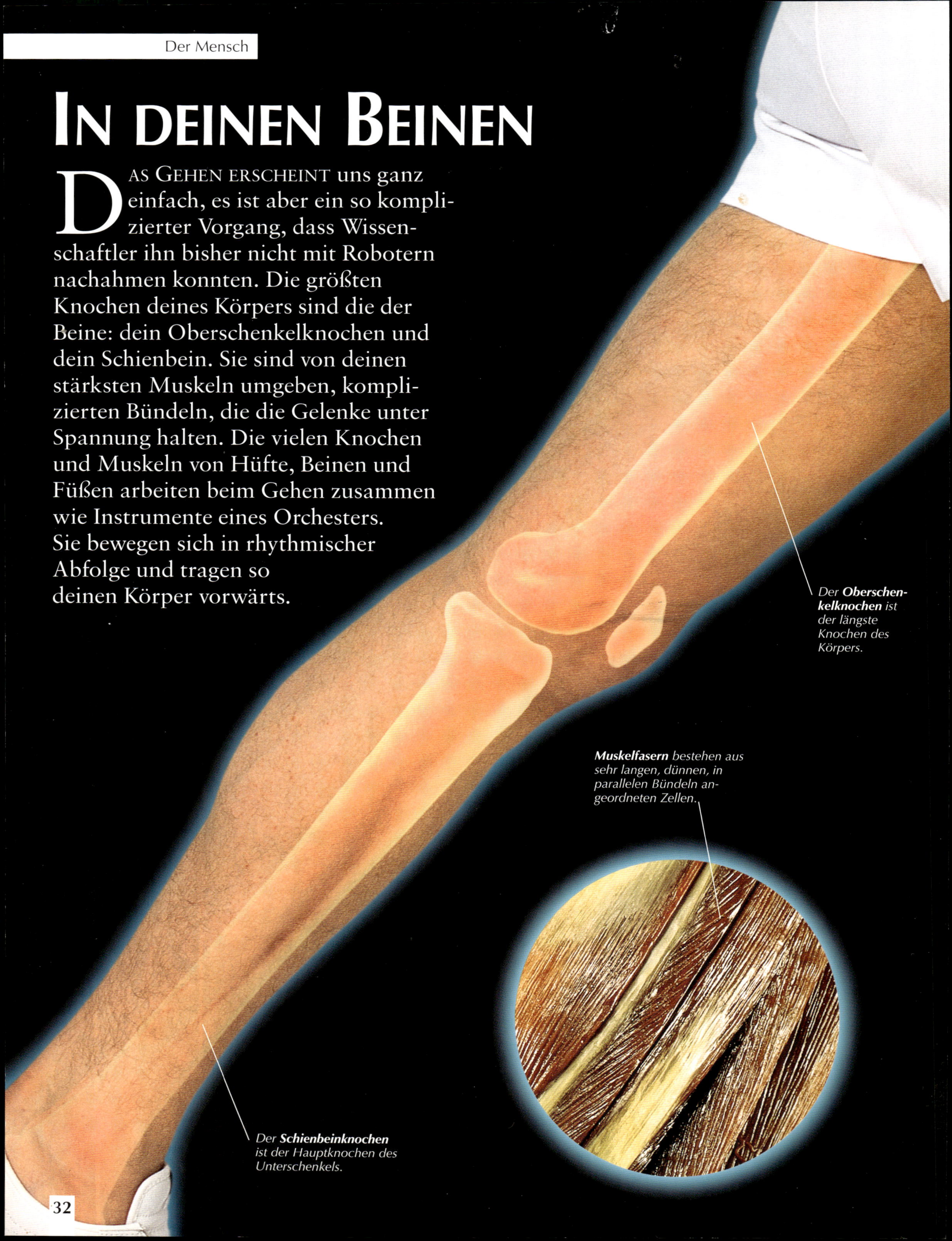

Das Gehen erscheint uns ganz einfach, es ist aber ein so komplizierter Vorgang, dass Wissenschaftler ihn bisher nicht mit Robotern nachahmen konnten. Die größten Knochen deines Körpers sind die der Beine: dein Oberschenkelknochen und dein Schienbein. Sie sind von deinen stärksten Muskeln umgeben, komplizierten Bündeln, die die Gelenke unter Spannung halten. Die vielen Knochen und Muskeln von Hüfte, Beinen und Füßen arbeiten beim Gehen zusammen wie Instrumente eines Orchesters. Sie bewegen sich in rhythmischer Abfolge und tragen so deinen Körper vorwärts.

*Der **Oberschenkelknochen** ist der längste Knochen des Körpers.*

*Der **Schienbeinknochen** ist der Hauptknochen des Unterschenkels.*

***Muskelfasern** bestehen aus sehr langen, dünnen, in parallelen Bündeln angeordneten Zellen.*

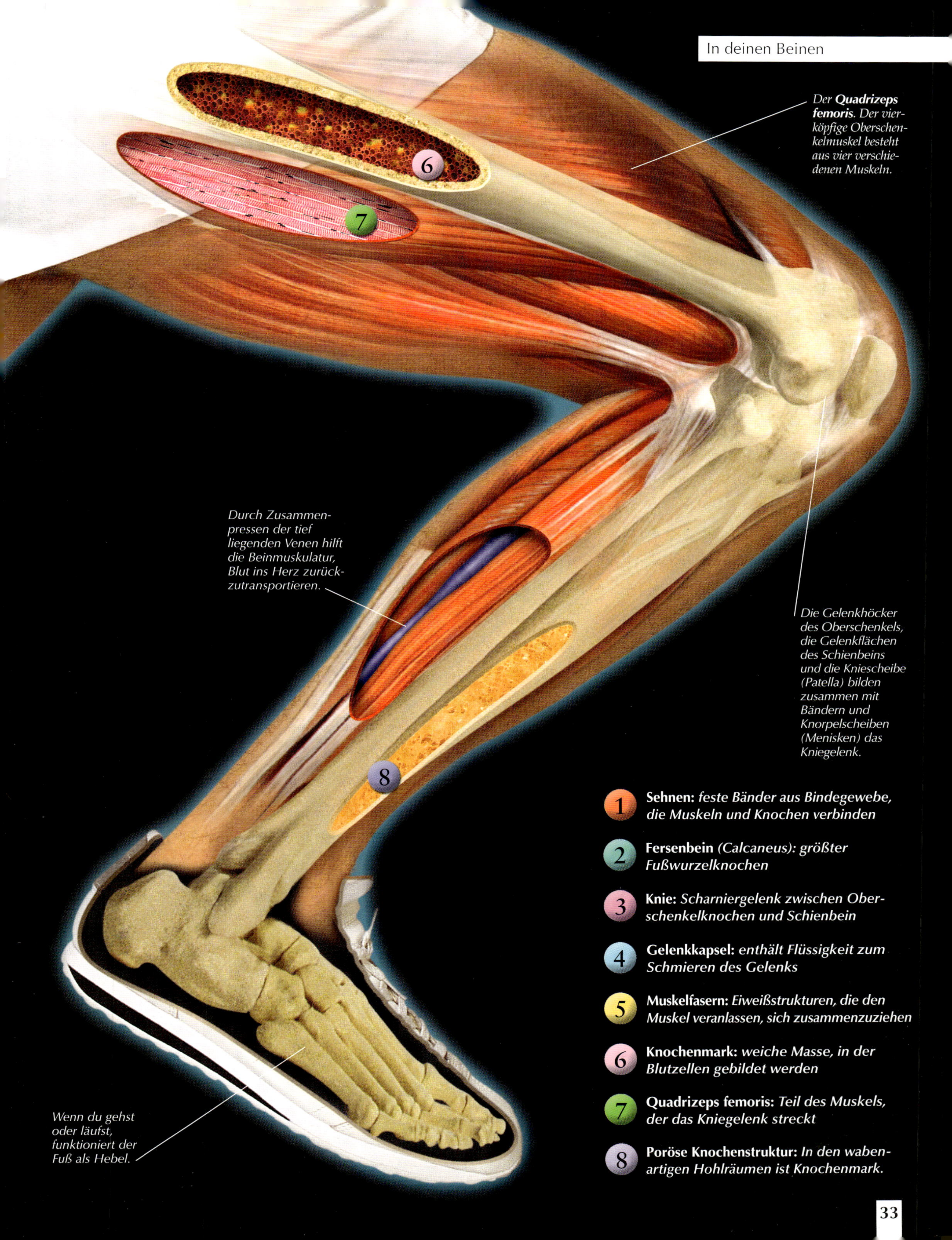

*Der **Quadrizeps femoris**. Der vierköpfige Oberschenkelmuskel besteht aus vier verschiedenen Muskeln.*

Durch Zusammenpressen der tief liegenden Venen hilft die Beinmuskulatur, Blut ins Herz zurückzutransportieren.

Die Gelenkhöcker des Oberschenkels, die Gelenkflächen des Schienbeins und die Kniescheibe (Patella) bilden zusammen mit Bändern und Knorpelscheiben (Menisken) das Kniegelenk.

Wenn du gehst oder läufst, funktioniert der Fuß als Hebel.

1. **Sehnen:** *feste Bänder aus Bindegewebe, die Muskeln und Knochen verbinden*
2. **Fersenbein** *(Calcaneus): größter* **Fußwurzelknochen**
3. **Knie:** *Scharniergelenk zwischen Oberschenkelknochen und Schienbein*
4. **Gelenkkapsel:** *enthält Flüssigkeit zum Schmieren des Gelenks*
5. **Muskelfasern:** *Eiweißstrukturen, die den Muskel veranlassen, sich zusammenzuziehen*
6. **Knochenmark:** *weiche Masse, in der Blutzellen gebildet werden*
7. **Quadrizeps femoris:** *Teil des Muskels, der das Kniegelenk streckt*
8. **Poröse Knochenstruktur:** *In den wabenartigen Hohlräumen ist Knochenmark.*

OSTEOZYTE

Sogar im härtesten Knochenmaterial gibt es tief innen in kleinsten Hohlräumen spinnenähnliche Zellen, so genannte Osteozyten. Sie nehmen Kalzium und andere Mineralien auf, die den Knochen ihre Festigkeit verleihen. Von den Osteozyten verlaufen kleine Fädchen zum umliegenden Knochengewebe. Sie versorgen es mit Mineralien und Nährstoffen.

KNOCHENWACHSTUM

Ein Neugeborenes hat mehr Knochen als ein Erwachsener, weil einige Knochen erst in den Kinderjahren zusammenwachsen. Viele Knochen werden auch länger und breiter. An beiden Enden deiner Arm- und Beinknochen gibt es Wachstumszonen, an denen neues Knochenmaterial hinzuwächst.

Das Skelett

Das Skelett – das innere Gerüst, das dem Körper Form gibt und dir ermöglicht, dich zu bewegen – besteht aus Knochen. Zusammen mit den umgebenden Muskeln funktioniert es wie eine komplizierte Maschine, mit deren Hilfe du bis zu 24 km/h laufen, dich klein zusammenrollen oder einfach nur am Körper kratzen kannst. Knochen machen ungefähr ein Viertel deines Gesamtgewichts aus. Sie sind nicht trocken und spröde, wie wir sie aus dem Museum kennen, sondern bestehen aus lebendem Gewebe – sie bluten, wenn sie beschädigt werden, und können Brüche selbst heilen. Bei gleichem Gewicht sind deine Knochen fester als Eisen oder Beton.

KNOCHENRINGE

Im Knochen lagern sich Mineralien wie Baumringe in konzentrischen Kreisen ab und gewährleisten dadurch hohe Festigkeit. Jeder Satz Ringe ist ein „Osteon" und misst ungefähr 0,25 mm im Durchmesser. Dieser Schnitt zeigt mehrere Osteone aneinander. Durch ihre Hohlräume verlaufen die Blutgefäße. Die umliegenden kleinen Hohlräume beherbergen Osteozyten.

LANGE BEINE

Deine Beine müssen das gesamte Körpergewicht tragen, daher haben sie die längsten und stärksten Knochen – den Oberschenkelknochen und das Schienbein. Sie sind hohl und ein wenig biegsam, dadurch gleichzeitig leicht und stark. Die Knochen deines Fußes bilden einen Bogen, der sich abflachen und dann wieder zurückfedern kann und so als Stoßdämpfer wirkt.

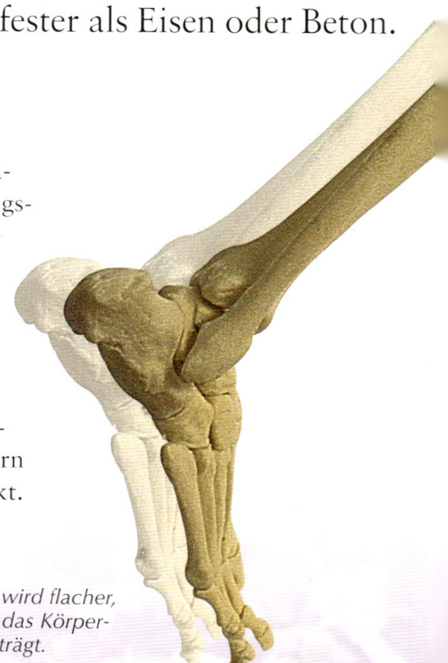

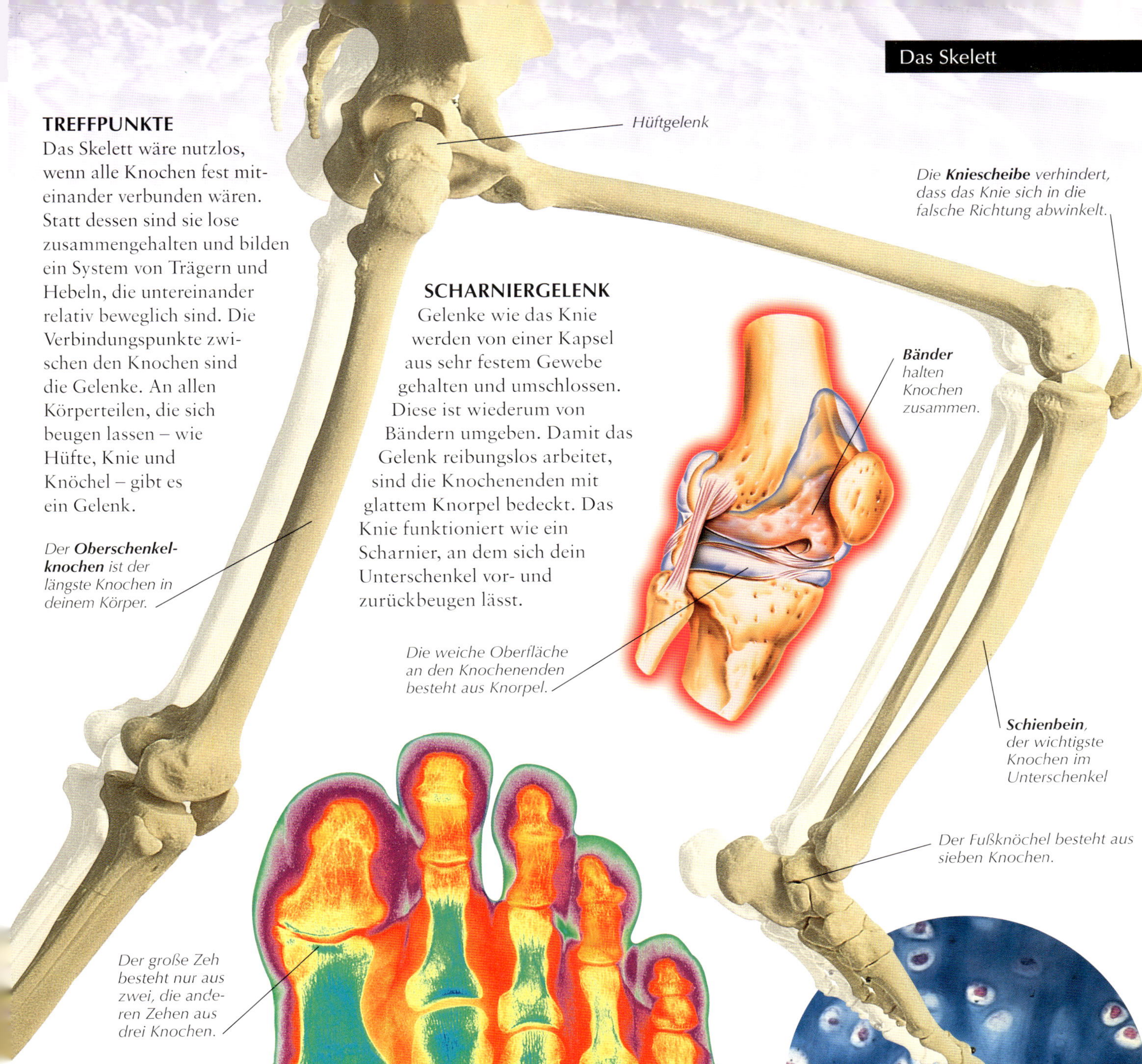

TREFFPUNKTE

Das Skelett wäre nutzlos, wenn alle Knochen fest miteinander verbunden wären. Statt dessen sind sie lose zusammengehalten und bilden ein System von Trägern und Hebeln, die untereinander relativ beweglich sind. Die Verbindungspunkte zwischen den Knochen sind die Gelenke. An allen Körperteilen, die sich beugen lassen – wie Hüfte, Knie und Knöchel – gibt es ein Gelenk.

SCHARNIERGELENK

Gelenke wie das Knie werden von einer Kapsel aus sehr festem Gewebe gehalten und umschlossen. Diese ist wiederum von Bändern umgeben. Damit das Gelenk reibungslos arbeitet, sind die Knochenenden mit glattem Knorpel bedeckt. Das Knie funktioniert wie ein Scharnier, an dem sich dein Unterschenkel vor- und zurückbeugen lässt.

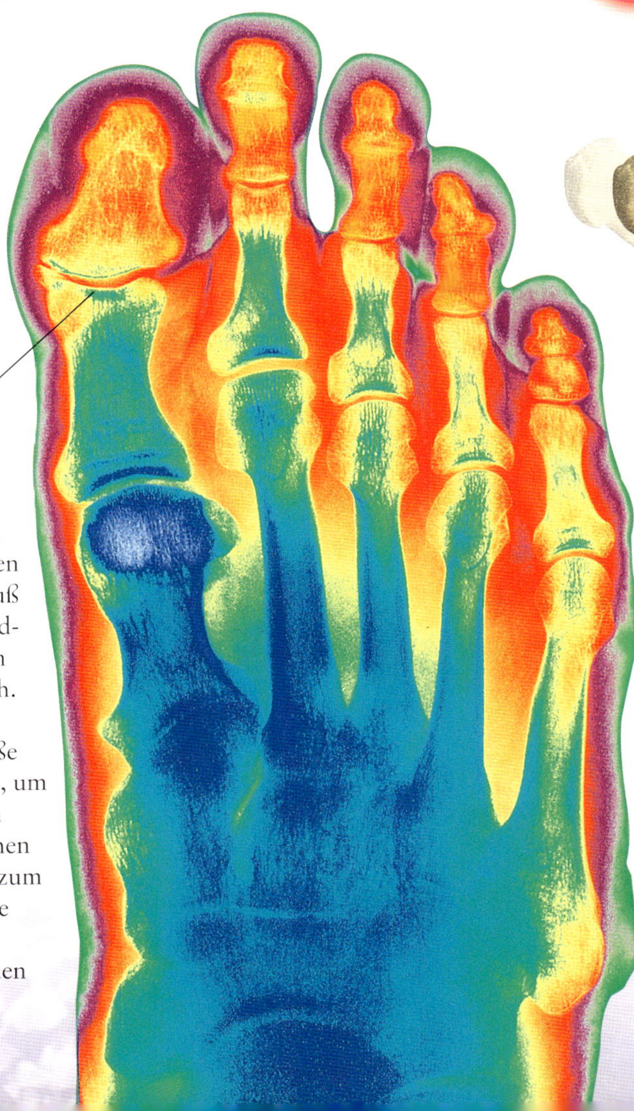

DIE FUSSKNOCHEN

Mehr als die Hälfte aller Knochen des menschlichen Körpers befinden sich in den Händen und Füßen: Ein Fuß hat 26, eine Hand 27. Hand- und Fußknochen sind beim Menschen einander ähnlich. Die Affen, von denen wir abstammen, benutzten Füße und Hände gleichermaßen, um in den Bäumen nach Ästen zu greifen. Heute gebrauchen wir unsere Füße nur noch zum Gehen, aber Menschen, die keine Arme haben, lernen häufig, Gegenstände mit den Füßen aufzunehmen.

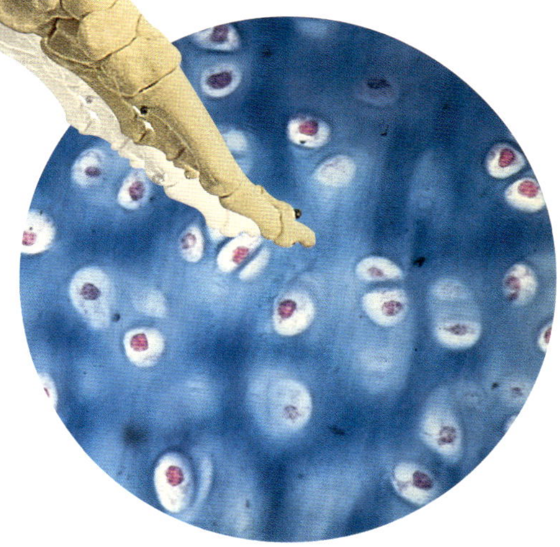

KNORPEL

Knorpel ist ein festes, aber elastisches Gewebe an den Knochenenden, das dazu beiträgt, dass Gelenke sich leichter bewegen. Er besteht aus einem dichten Fasernetzwerk, das von so genannten Chondrozyten gebildet wird – hier im Mikroskop-Ausschnitt die roten und weißen Tropfen. Aus Knorpelmasse bestehen auch deine Nase und deine Ohren.

Menschen haben unterschiedliche Hautfarben.

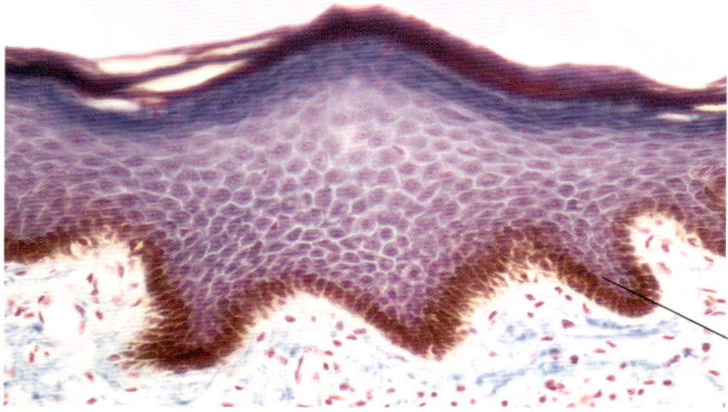

UNTER DER HAUT

Die Zellen, die das Pigment Melanin produzieren, das die Hautfarbe bestimmt, liegen in Schichten direkt unter der Hautoberfläche. Dunkelhäutige Menschen haben mehr von diesen Zellen als hellhäutige. Melanin schützt vor schädlichen Sonnenstrahlen – deshalb bekommen Hellhäutige so schnell einen Sonnenbrand.

__Melanozyten__ produzieren das Pigment Melanin.

KÖRPERHÜLLE

DIE HAUT IST DAS GRÖSSTE SINNESORGAN des Körpers, sie enthält Millionen Nervenenden, die auf Druck, Schmerz, Wärme und Kälte reagieren. Ohne Haut könntest du die Welt um dich herum nicht berühren. Die Haut ist aber auch ein schützender Mantel für den Körper. Ohne Haut würden sehr schnell Bakterien oder andere Keime in deinen Körper eindringen. Auch gegen viele andere Gefahren schützt sie dich. Deine inneren Organe würden unter Wasser stehen, schädlichen Sonnenstrahlen ausgesetzt sein und durch zu viel Hitze oder Kälte geschädigt werden. Außerdem hat die Haut die erstaunliche Fähigkeit, Schnitte fast unsichtbar selbst zu heilen.

GÄNSEHAUT

Wenn du frierst, ziehen winzige Muskeln an der Haarwurzel, so dass das Haar nach oben steht. Die angespannten Muskeln verursachen kleine Beulen unter den Haaren – die Gänsehaut. Durch das Zusammenziehen der Hautgefäße wird die Wärmeabgabe verringert.

Flache, tote Hautzellen bilden die äußere Schicht der Oberhaut.

Die __Dermis__ enthält Nerven und Blutgefäße.

Die untere Schicht der Oberhaut produziert ständig neue Zellen.

Register

Dank

Dorling Kindersley dankt folgenden Personen:
Chris Drew und Stefan Podhorodecki für Modelle, Andy Crawford für Fotografie, Clare Lister für Unterstützung in der Redaktion, Adrienne Hutchinson für Unterstützung im Layout.

Der Verlag dankt außerdem den folgenden Personen, Agenturen und Institutionen für die freundliche Genehmigung, ihre Abbildungen nachzudrucken:
(o=oben, u=unten, m=Mitte, l=links, r=rechts)

Corbis: Richard Hutchings 14ol; Denoyer - Geppert International: 12u, 13mr, 18ml, 18um, 27mr; Natural History Museum: 10Folie ml; The Image Bank / Getty Images: Jump Run Productions 27om; Imagingbody.com: 17ml; Science Photo Library: 6-7, 7ml, 7ur, 19mr, 19mru, 19l, 23mr, 28m, 31ol; Michael Abbey 34ul; John Bavosi 35mo; Biology Media 33Folie (ur); BSIP, Gems Europe 23ur, 26ml; BSIP VEM 15om, 15ur; John Burbridge 36om; Dr Jeremy Burgess 37ol; CNRI 3or, 11mru, 13m, 18ol, 27ur, 29mru; Custom Medical Stock Photo 12u, 20-21; Prof C. Ferlaud/CNRI 15or, 15mro; Martin Dohrn 24Folie, 25, 36mro; Simon Fraser 2r, 6l; GJLP/CNRI 30l; A. Glauberman 11Folie; Pascal Goetgheluck 15m, 22ol; Eric Grave 33 No.7; Mehau Kulyk 1m, 11l, 35um; Mark Maio/King-Holmes 12ol; David M. Martin MD 29ur; Juergen Berger, Max-Planck Institute 26-27o&u, 28-29o&u, 30-31o&u, 30-31u; Astrid & Hanns-Frieder Michler 6m; National Cancer Institute 1o & u, 2-3o&u, 18-19o&u, 20-21m, 20-21o&u, 22-23o&u, 38o&u; Susumu Nishinaga 20ol, 20ul, Endpapers; OMIKRON 14ul; Alfred Pasieka 7ur, 10-11, 11or, 13or, 22-23, 26-27m, 28-29; Philippe Plailly 18ur; Clinical Radiology Dept., Salisbury District Hospital 30om, 31m; Motta & Familiari/Anatomy Dept/University La Sapienza, Rome 3mlo, 3mru, 7o, 10um, 13um, 14mlo, 21or, 22ul, 23om, 26ul, 28ol, 28ul, 31ur, 34ol; Quest 12om, 12mro, 19om, 26o, 34-35o&u, 36-37o&u, 36u; David Scharf 7mr; Dr Klaus Schiller 29or, 29mro; Andrew Syred 6mu, 7ml, 37ml; Tissuepix 14-15; Nancy Kedersha/UCLA 6-7o&u, 10-11o&u, 12-13o&u, 14-15o&u; Hugh Turvey 37or; M. I. Walker 3ul, 35ur; Wellcome Dept. of Cognitive Neurology 10ol; The Wellcome Institute Library, London: 13ml.

Cover Rückseite: OMIKRON or, Motta & Familiari/Anatomy Dept/ University La Sapienza, Rome ol

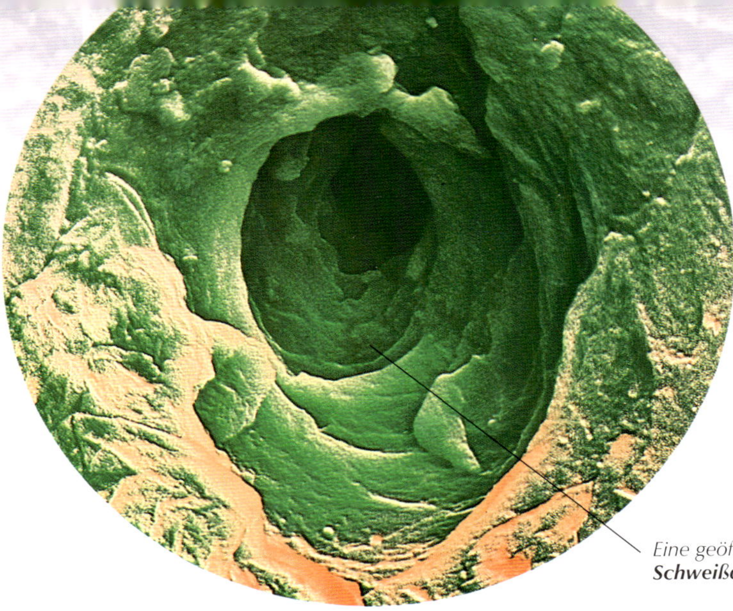

KÜHLENDER SCHWEISS

Auf deiner Haut verteilt gibt es ungefähr drei Millionen winzige Schweißporen. Wenn es deinem Körper zu warm wird, tritt aus diesen Poren eine salzige Flüssigkeit aus, die von tiefer in der Haut liegenden Drüsen produziert wird – der Schweiß. Er verdunstet und entzieht der Haut Wärme. So hilft er, den Körper herunterzukühlen. Sogar bei kaltem Wetter produziert dein Körper jeden Tag mindestens 0,3 Liter Schweiß.

HART WIE NÄGEL

Haut, Haare und Nägel erhalten ihre Festigkeit durch das Protein Keratin (Hornstoff). Nägel bestehen, wie du hier siehst, aus flachen Hornplatten. Wie bei der Haut sind auch die äußersten Nagelzellen totes Material, nur in der Nagelwurzel wachsen ständig neue Zellen nach. Fingernägel wachsen ungefähr 5 cm im Jahr, Fußnägel nur halb so schnell.

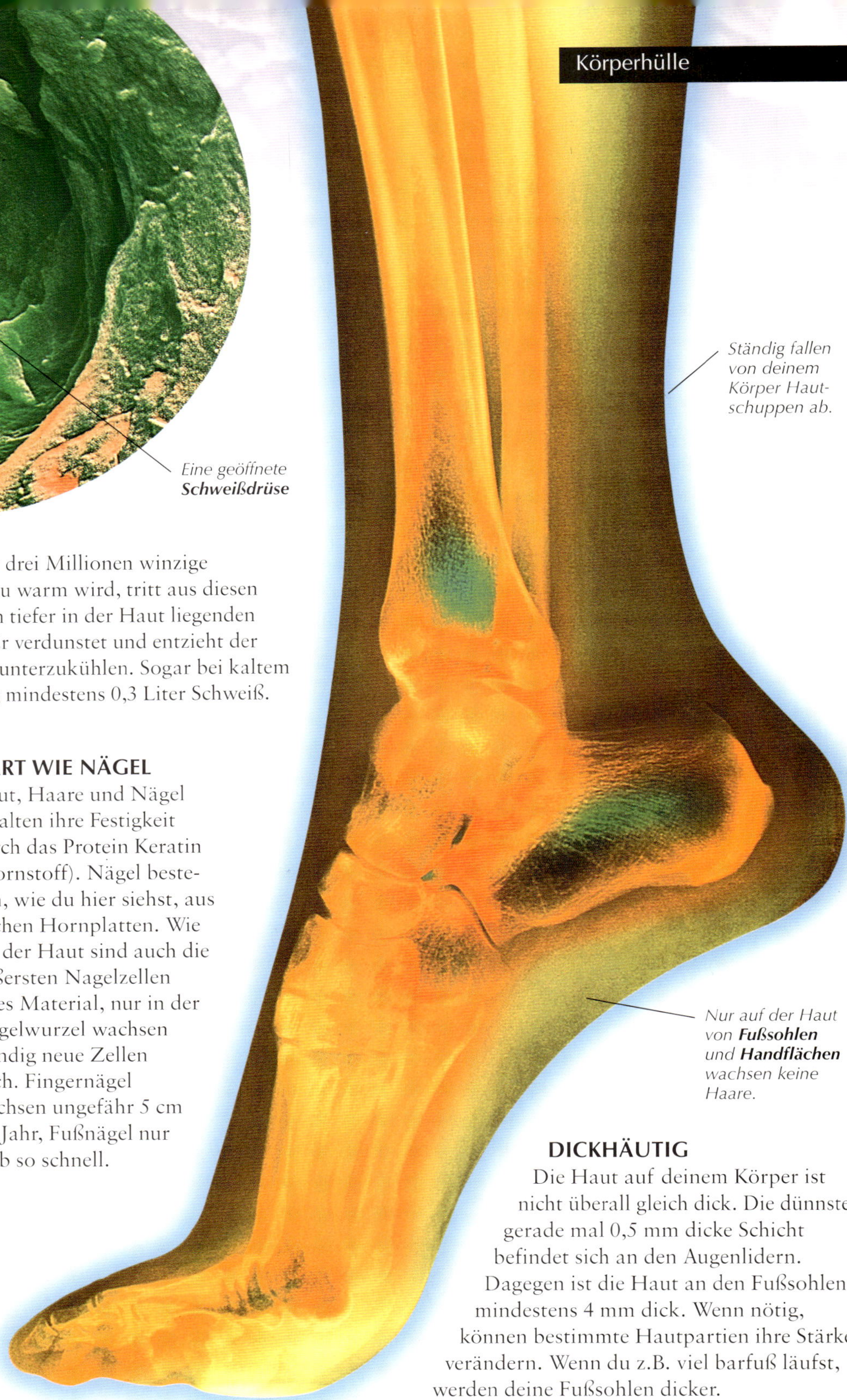

DICKHÄUTIG

Die Haut auf deinem Körper ist nicht überall gleich dick. Die dünnste, gerade mal 0,5 mm dicke Schicht befindet sich an den Augenlidern. Dagegen ist die Haut an den Fußsohlen mindestens 4 mm dick. Wenn nötig, können bestimmte Hautpartien ihre Stärke verändern. Wenn du z.B. viel barfuß läufst, werden deine Fußsohlen dicker.

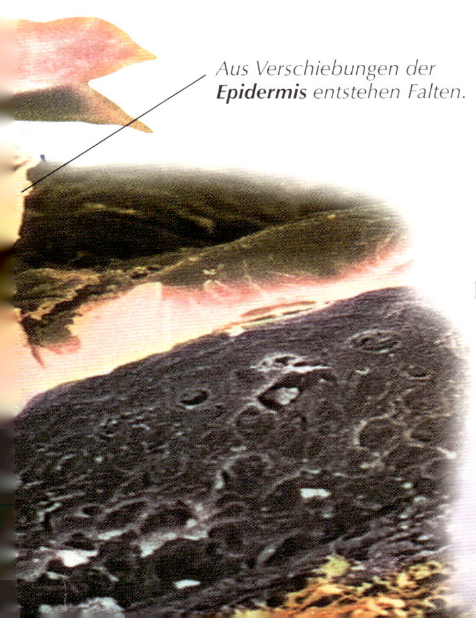

HAUTSCHICHTEN

Die äußere Hautschicht, die Epidermis, erneuert sich ständig durch Zellteilung. Dabei wandern neue Zellen an die Hautoberfläche. Im Verlauf dieses Prozesses werden sie härter und flacher, sterben ab und bilden die feste, äußere Schutzschicht der Haut. Aus den nach oben gelangten, abgeplatteten Zellen werden Schuppen, von denen der Körper jeden Tag ungefähr 50 Millionen abstößt. Unter der Epidermis liegt die Dermis, die Lederhaut, eine weiche Schicht von Zellen, in der Blutgefäße, Schmerzrezeptoren und Tastkörperchen, Schweißdrüsen und Haarwurzeln sitzen.